Python 基础编程入门

谷 瑞　顾家乐　郁春江　主　编

谭冠兰　陆伟峰　马千里　副主编

清華大學出版社

北 京

内 容 简 介

随着人工智能、大数据与云计算的发展，Python 语言得到了越来越多的使用。

本书以工作过程为导向，采用项目驱动的方式组织内容。全书共分 8 章，第 1 章介绍了编程语言发展的历程及 Python 开发环境的搭建；第 2 章介绍了 Python 语言的缩进、注释、数据类型、字符串、运算符和表达式等；第 3 章介绍了顺序结构、选择结构和循环结构等程序控制流程；第 4 章介绍了列表、元组与字典等数据结构；第 5 章介绍了 Python 函数的定义与调用，以及其他高阶函数的使用；第 6 章介绍了 Python 的模块与包的使用方法；第 7 章阐述了 Python 面向对象的特性；第 8 章介绍了 Python 的文件操作与异常处理机制。

本书既可作为大数据、人工智能等相关专业应用型人才的教学用书，也可以作为 Python 初学者的学习参考书。

图书在版编目（CIP）数据

Python 基础编程入门 / 谷瑞，顾家乐，郁春江主编. —北京：清华大学出版社，2020.8（2022.9重印）
ISBN 978-7-302-56316-7

Ⅰ．①P…　Ⅱ．①谷…　②顾…　③郁…　Ⅲ．①软件工具－程序设计－高等职业教育－教材
Ⅳ．①TP311.561

中国版本图书馆 CIP 数据核字（2020）第 155976 号

责任编辑：贾小红
封面设计：秦　丽
版式设计：文森时代
责任校对：马军令
责任印制：曹婉颖

出版发行：清华大学出版社
　　　　　网　　　址：http://www.tup.com.cn，http://www.wqbook.com
　　　　　地　　　址：北京清华大学学研大厦 A 座　　　邮　　编：100084
　　　　　社 总 机：010-83470000　　　　　　　　　邮　　购：010-62786544
　　　　　投稿与读者服务：010-62776969，c-service@tup.tsinghua.edu.cn
　　　　　质量反馈：010-62772015，zhiliang@tup.tsinghua.edu.cn
印 装 者：三河市龙大印装有限公司
经　　销：全国新华书店
开　　本：185mm×230mm　　　印　　张：12.25　　　字　　数：257 千字
版　　次：2020 年 9 月第 1 版　　　　　　　印　　次：2022 年 9 月第 3 次印刷
定　　价：48.00 元

产品编号：085203-01

编写委员会

作者团队（姓名不分先后）

顾家乐　马千里　陈　强　李　露

盛雪丰　茹新宇　王玉丽　徐迎春

前　言

随着人工智能和大数据相关技术的发展，Python 语言得到了越来越多的使用。该语言不但简单易学，而且还提供了丰富的第三方程序和相应完善的管理工具。

本书以培养读者的 Python 编程思维和技能为核心，以工作过程为导向，采用任务驱动的方式组织内容。具体来说，本书的编写思路和特色如下。

（1）在内容设计上，坚持由浅入深。

本书由浅入深地介绍了 Python 开发环境搭建，Python 基础知识，Python 程序控制流程，Python 列表、元组与字典，Python 函数，Python 模块和包，Python 面向对象程序设计以及 Python 文件操作与异常处理。全书按照工作任务编写，通过实际任务使读者真正理解与掌握 Python 编程技术。

（2）在具体知识点介绍上，尽量做到清晰而有深度。

编写过程中，尽量用简单的语言描述算法原理，做到条理清晰。

本书各章节的内容安排如下。

第 1 章 Python 概述：介绍程序设计语言的发展及程序编译与解释的过程，并对 Python 语言的产生背景、语言特点、应用领域与版本发展进行梳理，通过搭建开发环境与编写程序使读者体会 Python 的应用流程。

第 2 章 Python 基础知识：了解 Python 的注释、缩进、标识符与关键字，体会 Python 对变量的命名方式与程序的输入输出格式控制，并介绍了 Python 常见的数据类型与表达式。

第 3 章 Python 程序流程控制：阐述 Python 程序的顺序结构、选择结构、循环结构以及程序跳转与弹出等不同的程序流程控制。

第 4 章 Python 列表、元组与字典：介绍 Python 的列表、元组和字典等不同的数据结构，并对不同数据结构的操作进行演示。

第 5 章 Python 函数：阐述了函数的定义与调用、函数参数传递、函数的返回值、递归函数与匿名函数、map()函数、filter()函数等。

第 6 章 Python 模块和包：介绍 Python 的模块与包，演示了模块导入的不同方法，并使用随机模块、日期和日历模块完成实际任务。

第 7 章 Python 面向对象特性：介绍面向对象的编程思想、类与对象的特性、类的属性、类的方法以及类的继承与多态等。

第 8 章 Python 文件与异常：介绍文件与文件对象、文本文件的读写、CSV 文件的读写、文件和文件夹的操作以及异常处理等内容。

本书由谷瑞、顾家乐、郁春江、谭冠兰、陆伟峰、马千里主笔编写，其他参与编写的人员还有陈强、李露、盛雪丰、茹新宇、王玉丽、徐迎春等。

在本书的编写过程中，苏永兴、谭传艺、文逸、沈杨怡等同学提供了大量帮助，为教材的编写搜集了大量案例。江苏千森信息科技有限公司提供了力所能及的帮助。正是有了他们专心细致的工作，才使得本书的内容更加丰富。在此，对他们表示深深的感谢。

虽然在编写过程中，对书中所述内容已尽量核实、修正，并多次进行了文字校对，但因时间仓促，水平有限，书中的疏漏和错误之处在所难免，敬请广大读者批评指正。

编者

2020 年 4 月

目　　录

第 1 章　Python 概述

1．知识图谱

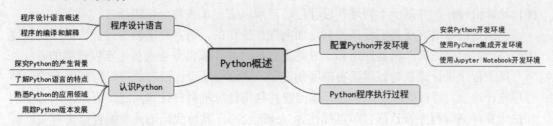

2．学习目标

（1）了解程序设计语言的发展。

（2）了解 Python 的产生背景及应用领域。

（3）掌握 Python 的基本特征。

（4）熟悉 Python 在不同平台上的安装过程。

（5）理解 Python 程序的执行过程。

1.1　程序设计语言

1.1.1　程序设计语言概述

一台计算机由硬件系统和软件系统两大部分组成，硬件是物质基础，软件是计算机的灵魂。没有软件，计算机就是一台"裸机"，有了软件，才能成为一台真正的"电脑"，而计算机的每一次动作、每一个步骤都是按照编写好的程序设计语言来执行的。

程序设计语言是计算机能够理解和识别用户操作意图的一种交互体系，它按照特定的规则组织计算机指令，使计算机能够进行各种运算处理，按照程序设计语言规则组织起来的一组计算机指令称为计算机程序。计算机程序设计语言的发展，按照与硬件关系的密切程度可以分为机器语言、汇编语言和高级程序设计语言 3 类。

机器语言是一种二进制语言，它直接使用二进制代码表达指令，是计算机硬件可以直接识别和执行的程序设计语言，具有灵活、直接执行和速度快等特点。不同型号的计算机其机器语言是不相通的，使用某一种型号的计算机机器指令编制的程序，不能在另一种型号的计算机上执行。

    汇编语言也称为符号语言，用一些容易理解和记忆的字母、单词来代替一个特定的二进制指令，例如用 ADD 代表数字逻辑上的加，MOV 代表数据传递，DEL 代表数据的删除等，通过这种方法，人们很容易去阅读已经完成的程序或者理解程序正在执行的功能。例如计算 3+2 的加法运算,汇编语言可以描述为 ADD3,2RESULT,运算结果写入 RESULT。和机器语言类似，不同的计算机结构其汇编指令不同。由于机器语言和汇编语言都是直接操作计算机硬件，并基于不同硬件设计程序，所以它们都被称为低级语言。

    无论是机器语言还是汇编语言都是面向硬件操作的，语言对机器的过分依赖，要求使用者必须对硬件结构、机器原理都十分熟悉，这对非计算机专业人员是难以做到的。

    高级程序设计语言与低级语言的区别在于，高级程序设计语言是接近自然语言的一种程序设计语言，可以更容易地描述计算问题并利用计算机解决计算问题。例如计算 2+3 的加法运算，高级程序设计语言可以描述为 result=2+3，具体代码形式与编程语言有关，而与计算机结构无关，且同一语言在不同的计算机上的表达方式是一致的。

    自 1972 年第一个高级程序设计语言 C 语言诞生以来，经过 40 多年的发展，先后诞生了几百种高级程序设计语言，但大多数语言由于应用领域狭窄而退出了历史舞台，目前常用的高级程序设计语言主要有 C、C++、Python、Java、PHP、C#等，其诞生时间如图 1-1 所示。Python 也是一门高级程序设计语言，一次编辑，可以跨平台运行。

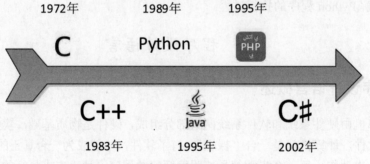

图 1-1   主要高级程序设计语言诞生时间

1.1.2 程序的编译和解释

    高级程序设计语言按照运行方式不同，可以分为静态语言和脚本语言。静态语言采用编译执行，动态语言采用解释执行。无论哪种方式，用户的使用方法是一致的，即都需要通过用户执行程序。

    编译是将源代码首先通过编译器转换为目标代码，然后在机器上运行目标代码，源程序和编译器都不再参与目标代码的执行过程。通常情况下源代码是高级程序语言代码，目标代码是机器语言代码，执行编译的计算机程序称为编译器。图 1-2 所示为程序的编译过程。

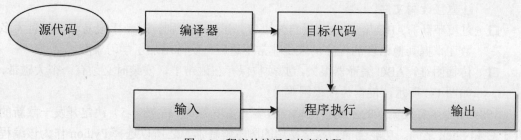

图 1-2　程序的编译和执行过程

解释是将源代码逐条转换成目标代码的同时逐条运行目标代码的过程。执行解释的计算机程序称为解释器。图 1-3 所示为程序的解释过程。

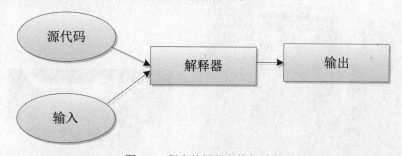

图 1-3　程序的解释和执行过程

编译和解释的区别在于编译是一次性的，一旦编译完成，程序将不再需要编译源代码；而解释则是在每次运行程序时都需要解释器解释源代码。Python 是一门解释性程序设计语言，每次运行程序都是边执行边解释。

1.2　认识 Python

1.2.1　探究 Python 的产生背景

Python 编程语言在 1989 年就诞生了，其创始人为吉多·范罗苏姆（Guido van Rossum）。在 Python 语言诞生之前，吉多正在参与荷兰的 CWI（数学和计算机研究所）的 ABC 语言的开发，该语言以满足教学为目的，且非常优美和强大，但 ABC 也存在着一些致命的问题，导致它最终没有流行起来，主要原因如下：

❑　可扩展性差。ABC 不是模块化的语言，要在 ABC 中增加功能就必须改动很多地方，且步骤烦琐。

❑ 不能直接进行输入输出。尽管可以通过诸如文本流的方式导入数据，但 ABC 无法直接读写文件。

❑ 过度革新。ABC 语言太贴近自然语言，虽然很特别、对新手很易学，但对大多数还掌握其他语言的程序员来说非常不适应，实际增加了学习难度。

❑ 传播困难。ABC 编译器很大，必须被保存在磁带上，安装时必须有一个大磁带，如图 1-4 所示，使得传播很困难。

1989 年为了打发无聊的圣诞节假期，吉多·范罗苏姆（见图 1-5）决定开发一款新的介于 C 和 Shell 之间、功能全面、易学易用的脚本解释器，之所以选择 Python 作为该编程语言的名字，是因为吉多是电视剧 *Monty Python's Flying Circus* 的忠实粉丝，他希望这个新的叫作 Python 的语言，能符合全面调用计算机的功能接口，又能轻松实现编程。

图 1-4　保存 ABC 语言程序的专门磁带　　　图 1-5　吉多·范罗苏姆

1991 年第一个 Python 编译器诞生，它是用 C 语言实现的，并能够调用 C 语言的库文件。从诞生开始，Python 语言已经具有了类、函数、异常处理等机制，包含表、词典、集合等核心数据类型，以及模块为基础的拓展系统。Python 的可拓展性很强，他的可以在多个层次上拓展。从高层上，可以直接引入.py 文件；在底层，可以直接引用 C 语言的库。

最初的 Python 完全由吉多·范罗苏姆本人开发，很快就受到其同事的欢迎，他们迅速地反馈使用意见，并参与 Python 的改进。吉多·范罗苏姆和他的一些同事构成 Python 的核心团队，他们将许多机器层面上的细节隐藏，交给编译器处理，并凸显出逻辑层面的编程思考，使得 Python 程序员可以花更多的时间用于思考程序的逻辑，而不是具体的实现细节，这一特征吸引了广大的程序员，Python 开始流行。

1.2.2　了解 Python 语言的特点

Python 是一种面向对象、解释型、弱类型的脚本语言，它也是一种功能强大而完善的通用型语言。相比其他编程语言（Java、.Net）而言，Python 代码非常简单，上手非常容易。例如我们要完成某个功能，如果用 Java 需要 100 行代码，但用 Python 可能只需要 20 行代码，这是 Python 具有巨大吸引力的一大特点。Python 编程语言的主要特点如下：

- 开放源代码。Python 开放所有的源代码，用户可以自由地下载这个软件的拷贝，阅读它的源代码，对它进行改动。
- 解释性。Python 是一门解释性语言，解释器不需要将源代码直接翻译成二进制中间码的形式，这使得 Python 程序更加易于移植。
- 面向对象。Python 语言既支持面向过程，也支持面向对象，提供了类、对象、继承、重写、多态等编程机制。
- 丰富的扩展库。Python 提供了丰富的标准库，可以满足各种编程场景，如数据分析与挖掘、人工智能　应用、网络爬虫等。

1.2.3　熟悉 Python 的应用领域

Python 的应用领域非常广泛，目前全球最大的搜索引擎——Google 在其网络搜索系统中广泛应用了 Python 语言，Facebook 网站大量的基础库和 YouTube 视频分享服务的大部分也是用 Python 语言编写的，其应用领域如下：

- 数据分析与处理。Python 拥有一个比较完善的数据分析与处理的生态系统，其中 Matplotlib 经常会被用来绘制数据图表，它是一个 2D 绘图工具，可以完成直方图、散点图、折线图、条形图等的绘制。Pandas 是基于 Python 的一个数据分析工具，该工具是为了解决数据分析任务而创建的，拥有大量类库和一些标准的数据模型，提供了高效地操作大型数据集所需的工具。
- Web 开发与应用。Python 是 Web 开发的主流语言，拥有一套成熟的 Web 开发框架。Django 是一个开源的 Web 应用框架，支持许多数据库引擎，可以让 Web 开发变得迅速和可扩展，Django 不断地更新版本以匹配最新的 Python 应用领域；Flask 是一个轻量级的 Web 应用框架，较同类型框架更为灵活、轻便、安全且容易上手，它可以很好地结合 MVC 模式进行开发。另外，Flask 还有很强的定制性，用户可以根据自己的需求来添加相应的功能，在保持核心框架简单的同时实现功能的丰富与扩展，其强大的插件库可以让用户实现个性化的网站定制，开发出功能强大的网站。
- 网络爬虫技术。网络爬虫是互联网上进行信息采集的通用手段，在互联网的各个专业方向上都是不可或缺的底层技术支撑。Scrapy 是一个用于以一种快速、简单、可扩展的方式从网站中提取所需要数据的开源框架，可以广泛用于数据挖掘、监测和自动化测试。

❏ 科学计算。Python 提供了丰富的科学计算工具，如 Numpy、Pandas、Matplotlib 等，可以满足科学计算与研究的需求。

1.2.4 跟踪 Python 版本发展

Python 语言是开源项目的优秀代表，其解释器的全部代码都是开源的，可以在 Python 的官方网站（http://www.python.org/）自由下载。Python 软件基金会（Python Software Foundation，PSF）是一个非营利性组织，拥有 Python 2.1 版本之后的全部版权，该组织致力于更好推进并包含 Python 语言的开放性。自 1990 年 Python 1.0 版本推出以来，Python 经历了几次比较大的版本迭代更新，如图 1-6 所示。

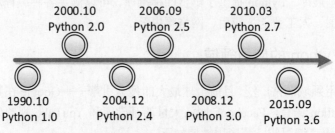

图 1-6　Python 版本发展变更

2000 年 10 月，Python 2.0 正式发布，标志着 Python 语言走向成熟，解决了其解释器和运行环境中的诸多问题，开启了 Python 广泛应用的新时代。

2008 年 12 月，Python 3.0 正式发布，这个版本在语法层面和解释器内部做了重大的改进，解释器内部采用了完全面向对象的方式实现。这些重要的修改所付出的代价是 3.x 系列的版本无法向下兼容 Python 2.0 的既有语法。因此，所有基于 Python 2.0 系列版本编写的库函数都必须修改后才能在 Python 3.0 系列的解释器上运行。

2010 年 3 月，Python 2.x 系列发布了最后一版，其主版本号是 2.7，用于终结 2.x 系列版本的发展，并且不再进行重大改进。

1.3　配置 Python 开发环境

1.3.1 安装 Python 开发环境

本书是基于 Windows 平台开发 Python 程序的，接下来将分步骤演示如何在 Windows

平台上安装 Python 开发环境。

（1）访问网址 http://www.python.org/download/，选择 Windows 平台上的安装包，如图 1-7 所示。

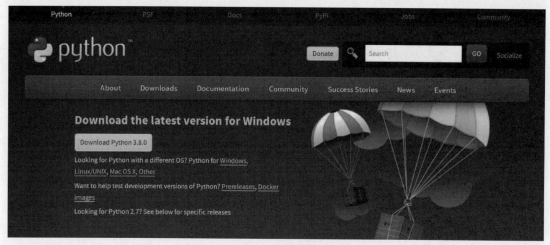

图 1-7　Python 开发环境下载界面

（2）选择合适的 Python 版本，下载到本地。双击下载文件，进入 Python 安装界面，如图 1-8 所示。

图 1-8　Python 安装界面

在图 1-8 中，有两种安装方式，第一种是默认安装方式，第二种是自定义安装方式，这两种安装方式都可以安装 Python。注意，这里选中 Add Python 3.7 to PATH 复选框，将路径添加到上下文变量中，然后进行安装。

Python 的安装过程非常慢，如图 1-9 所示。

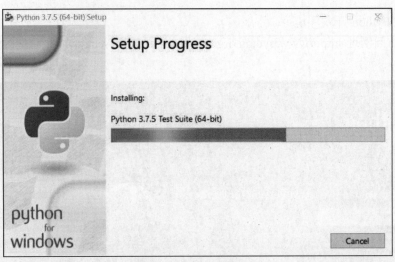

图 1-9　Python 安装过程

安装成功后，Python 会弹出如图 1-10 所示的界面。单击 Close 按钮，完成安装过程。

图 1-10　Python 安装成功界面

1.3.2　使用 PyCharm 集成开发环境

　　PyCharm 是目前 Python 学习中最普遍、最受欢迎的开发环境之一，它功能强大，具有亲和力，正如它的名字一样有魅力，具有语法高亮、项目管理、代码跳转、智能提示、自动完成、单元测试、版本控制等各种功能。PyCharm 官网上有专业版和社区版，社区版是免费的，如果仅做数据科学方面的研究，则社区版便足够开发使用了。

（1）下载 PyCharm。PyCharm 有 Windows、Linux 和 IOS 3 个版本，Windows 版本的下载地址为：https://www.jetbrains.com/pycharm/download/#section=windows。 PyCharm 下载页面如图 1-11 所示，用户可根据个人计算机的操作系统进行选择。对于 Windows 系统用户而言，选择方框中的版本。

图 1-11　PyCharm 下载页面

（2）安装 PyCharm。双击下载的安装包开始安装 PyCharm，首先进入安装欢迎界面，单击 Next 按钮，可设置安装路径，如图 1-12 所示，然后再次单击 Next 按钮。

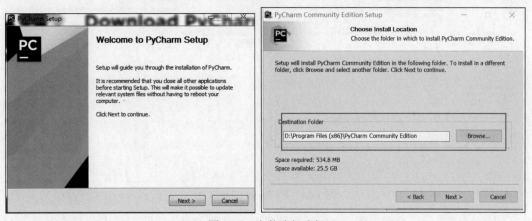

图 1-12　安装路径选择

进入安装选项设置界面中，根据个人计算机情况选择 32 位或 64 位，将安装环境添加到路径中，将该编辑器与.py 文件关联起来，继续单击 Next 按钮，如图 1-13 所示。

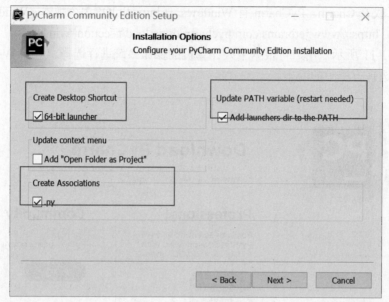

图 1-13　安装选项设置

　　接下来设置开始菜单文件夹，保持默认设置，并单击 Install 按钮，接下来会一直在安装过程中，等待安装完成即可，如图 1-14 所示。

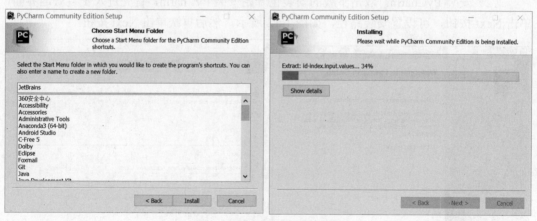

图 1-14　PyCharm 安装进度

　　安装完成之后，会弹出图 1-15 所示的界面。因为在前边安装选项中我们选中了 Add launchers dir to the PATH 复选框，所以需要重启计算机。选择立即重启，完成安装过程。

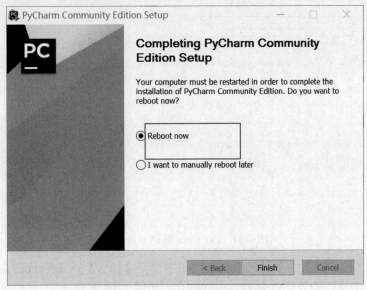

图 1-15　PyCharm 安装完成界面

（3）使用 PyCharm。安装完成后，单击程序图标，运行集成开发环境，会弹出图 1-16
所示界面。

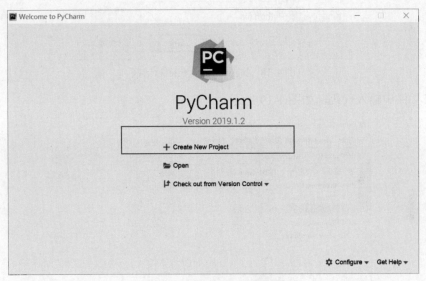

图 1-16　PyCharm 打开界面

在图 1-16 中选择 Create New Project 选项，在弹出的界面输入项目名称，单击 Create
按钮，如图 1-17 所示。

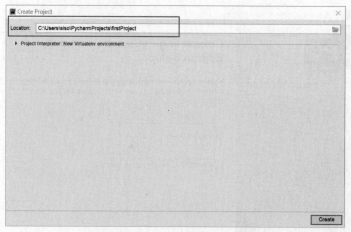

图 1-17　PyCharm 新建项目界面

　　选中项目名称，右击，在弹出的快捷菜单中选择【New】→【Python File】命令，创建一个 Python 文件，输入文件名为 HelloWorld，如图 1-18 所示。

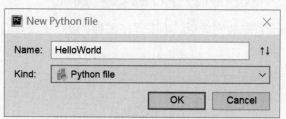

图 1-18　New Python File 对话框

在该文件中输入代码，如图 1-19 所示。

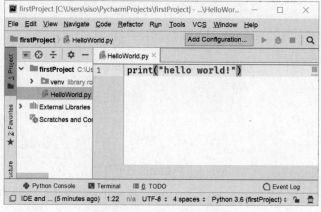

图 1-19　创建 Python 代码

右击 firstProject，在弹出的快捷菜单中选择【Run'HelloWorld'】命令运行程序，输出结果如图 1-20 所示。

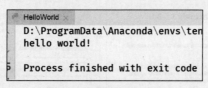

图 1-20　程序运行结果

1.3.3　使用 Jupyter Notebook 开发环境

Jupyter Notebook 是一个基于 Web 的应用程序，是数据科学/机器学习社区内一款非常流行的工具，允许数据科学家创建和共享他们的文档，帮助数据科学家简化工作流程，实现更高的生产力和更便捷的协作。Jupyter Notebook 不仅可以运行编写的 Python 代码，同时还支持高亮格式的文本显示。

Anaconda 集成了对 Jupyter 的支持。Anaconda 是一个开源的 Python 发行版本，其包含了 Python 等 180 多个科学包及其依赖项，其最大的特点就是可以便捷获取包，且能对包及其版本进行管理。

（1）下载 Anaconda。Anaconda 可以从官网下载，也可以从清华大学镜像网址下载，相比速度而言，国内镜像下载比较快。打开清华大学的镜像网址 https://mirrors.tuna.tsinghua.edu.cn/anaconda/archive/，选择 Anaconda3-5.0.0-Windows-x86_64.exe，如图 1-21 所示。

Anaconda3-5.0.0-Linux-ppc64le.sh	296.3 MiB	2017-09-27 05:31
Anaconda3-5.0.0-Linux-x86.sh	429.3 MiB	2017-09-27 05:43
Anaconda3-5.0.0-Linux-x86_64.sh	523.4 MiB	2017-09-27 05:43
Anaconda3-5.0.0-MacOSX-x86_64.pkg	567.2 MiB	2017-09-27 05:31
Anaconda3-5.0.0-MacOSX-x86_64.sh	489.9 MiB	2017-09-27 05:34
Anaconda3-5.0.0-Windows-x86.exe	415.8 MiB	2017-09-27 05:34
Anaconda3-5.0.0-Windows-x86_64.exe	510.0 MiB	2017-09-27 06:17
Anaconda3-5.0.0.1-Linux-x86.sh	429.8 MiB	2017-10-03 00:33
Anaconda3-5.0.0.1-Linux-x86_64.sh	524.0 MiB	2017-10-03 00:34

图 1-21　清华大学镜像 Anaconda 版本列表

（2）安装 Anaconda。下载完成后，双击安装文件，弹出图 1-22 所示界面。

单击 Next 按钮，再在弹出的界面中直接单击 I agree 按钮。

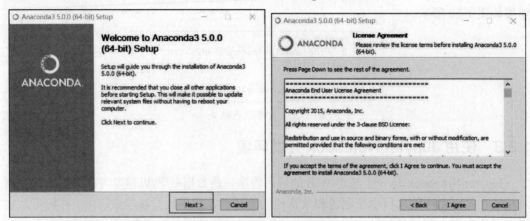

图 1-22　Anaconda 安装界面

在弹出的选项界面中，选中 All Users 单选按钮，即所有的用户都可以使用 Anaconda，然后单击 Next 按钮，设置 Anaconda 的安装目录，如图 1-23 所示。

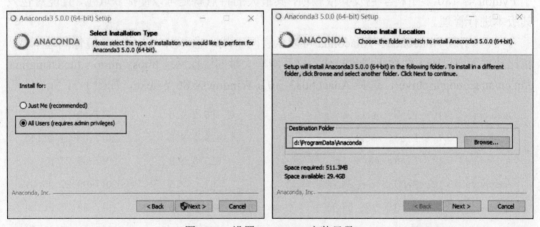

图 1-23　设置 Anaconda 安装目录

在弹出的界面中把 Anaconda 的 Python 版本注册为 3.6 版本，然后单击 Install 按钮，执行安装过程，如图 1-24 所示。

安装完成后，会弹出安装完成界面，单击 Next 按钮，然后在弹出的界面中直接单击 Finish 按钮完成安装过程，如图 1-25 所示。

（3）启动 Jupyter Notebook。选择【开始】→【Anaconda3】→【Jupyter Notebook】命令，便可以启动 Jupyter Notebook 编辑器，启动界面如图 1-26 所示。

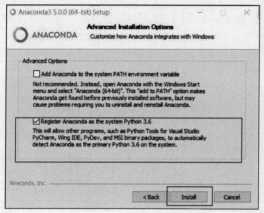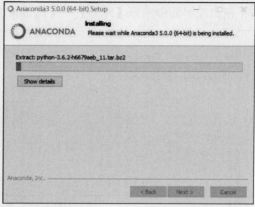

图 1-24　Anaconda 的 Python 版本选择

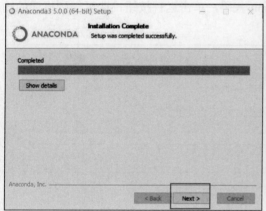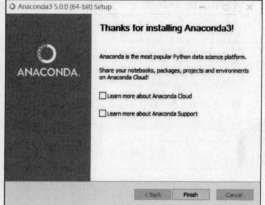

图 1-25　安装完成界面

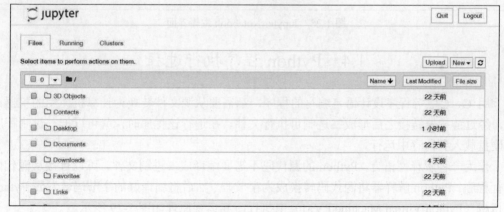

图 1-26　Jupyter Notebook 启动界面

在启动界面中选择【New】→【Python 3】命令，如图 1-27 所示。

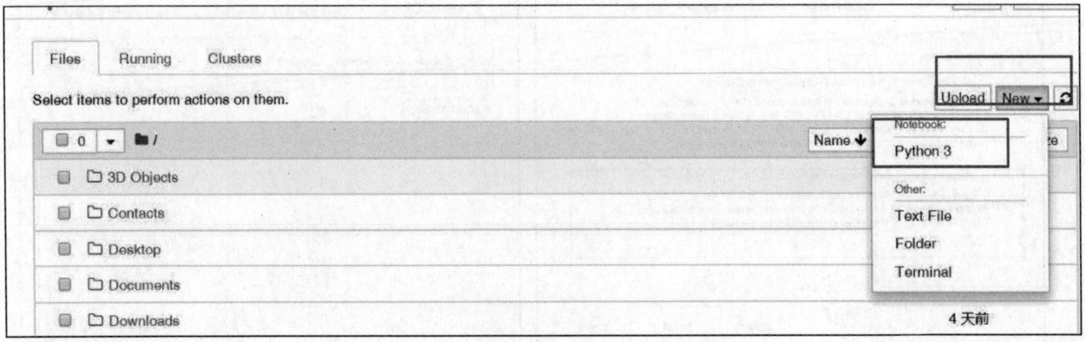

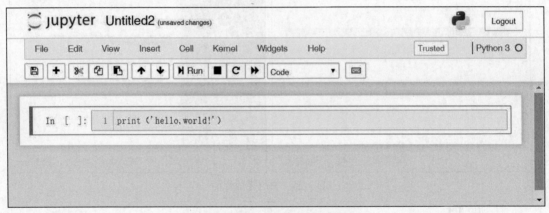

图 1-27　新建 Python 文件

在弹出图 1-28 所示的界面中，输入 Python 代码，单击运行按钮，即可得到程序的输出结果。

图 1-28　Jupyter Notebook 编辑界面

1.4　Python 程序执行过程

用 C、C++等程序设计语言编写的程序，都需要从源文件转换为计算机使用的机器语言，经过链接器链接之后形成二进制可执行文件。在运行该程序时，就可以把二进制程序从硬盘载入到内存中运行。

作为一种解释性语言，Python 的源代码不需要编译成二进制文件，可以直接从源代码运行程序。Python 解释器将源代码转换成为字节码，然后将编译好的字节码转发到 Python 虚拟机（Python Virtual Machine PVM）中执行，其运行原理如图 1-29 所示。

图 1-29　Python 程序的执行原理

如图 1-29 所示，当我们运行 Python 程序时，会分为两步进行：

（1）把源代码编译成字节码。编译后的字节码不是二进制机器码，是特定于 Python 的一种表现形成。

（2）把编译后的字节码转发到 Python 虚拟机中。Python 虚拟机是 Python 程序运行的引擎，它是迭代运行 Python 指令的循环体，可以单个运行 Python 的程序。

1.5　本 章 小 结

本章作为 Python 人工智能编程基础的第 1 章，首先带领大家了解了程序设计的基本概念以及编译性语言和解释性语言的运行过程；然后介绍了 Python 语言的产生背景、特点、应用领域和版本发展过程；最后详细地演示了 Python 开发环境、PyCharm 集成开发环境、Jupyter Notebook 开发环境的安装与使用过程。

通过本章的学习，希望大家对 Python 有一个初步的认识，能够独立完成 Python 集成开发环境的安装和基本使用，为接下来的学习做好准备。

本 章 习 题

一、选择题

1．下列不属于 Python 语言的特点的是（　　　）。

　　A．开源　　　　　　B．面向对象　　　　　　C．编程复杂　　　　D．简单易学

2．以下属于高级程序设计语言的是（　　　）。

　　A．机器语言　　　B．汇编语言　　　　　　C．Python　　　　　D．以上都不是

3．下列关于 Python 的说法，错误的是（　　　）。

　　A．Python 是从 ABC 发展起来的

　　B．Python 是一门高级的计算机编程语言

　　C．Python 只是一门面向对象的语言

D．Python 是一种代表简单注意思想的语言

4．Python 3.0 是在（　　　）年提出来的。

    A．2007　　　　　　　B．2008　　　　C．2009　　　　D．2010

5．以下属于 Python 应用领域的是（　　　）。

    A．科学计算　　　　　B．网络爬虫　　C．数据可视化　　D．数据挖掘

二、填空题

1．程序设计语言从低级到高级依次是_____、_____、_____。

2．Python 是一门_____语言。

3．Python 3.x 默认的编码形式是_____。

三、判断题

1．Python 是开源的，它可以被移植到许多平台上。（　　　）

2．Python 3.x 完全兼容 Python 2.x 的代码。（　　　）

3．PyCharm 是 Python 的集成开发环境。（　　　）

四、简答题

1．简述 Python 的特点。

2．简述 Python 的应用领域。

3．简述 Python 的执行原理。

第 2 章   Python 基础知识

1. 知识图谱

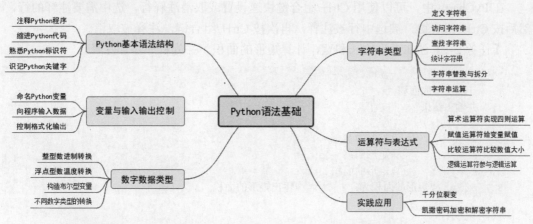

2. 学习目标

（1）掌握 Python 语言基本的语法结构。

（2）了解 Python 语言程序输入输出方式。

（3）掌握 Python 的基本数据类型及不同类型之间的转换。

（4）掌握 Python 中字符串的使用方法。

2.1   Python 基本语法结构

2.1.1   注释 Python 程序

为方便他人阅读理解代码，可以在程序中加入解释语句，用来对语句、函数、数据结构或方法进行说明，以提高程序的可读性。注释的部分会被编译器忽略，在程序运行过程中不起作用，也不会显示出来。Python 中的注释分为单行注释和多行注释：

❑ 单行注释。Python 的单行注释语句以"#"符号开头，到这一行结束为止。

❑   多行注释。Python 的多行注释是使用 3 个单引号'''或 3 个双引号"""包括要注释的内容。

Python 程序中非注释语句按照顺序执行，而注释语句则会被过滤器过滤掉，不会被执行。注释语句的主要用途有：

❑   标明代码编写者的姓名、用途以及版本声明信息。

❑   解释代码的原理或用途，增加程序的可读性。

在 PyCharm 中，可以使用 Ctrl+/组合键快速设置或取消注释行，选中需要注释的行，然后按 Ctrl+/组合键，被选中行被注释，再次按 Ctrl+/组合键，注释被取消。

【任务 2-1】已知矩形的长和宽，计算矩形的面积，并为程序添加注释。

```
1.  '''
2.  计算矩形的面积
3.  并输出结果
4.  '''
5.  w = 2            #矩形的宽
6.  h = 3            #矩形的高
7.  A = w*h          #矩形的面积
8.  print("矩形的面积为：", A)    #输出矩形的面积
```

代码说明：

第 1～4 行——多行注释，说明程序的功能。

第 5～6 行——声明矩形的宽和高，并单行注释程序。

第 7～8 行——计算矩形的面积，并使用 print()函数输出面积。

运行程序，其输出结果如下：

```
矩形的面积为： 6
```

2.1.2   缩进 Python 代码

与 C 语言、Java 语言等不同，Python 语言以缩进（空格和制表符）来表示程序的格式框架。缩进是指每一行代码开始前的空白区域，用来表示代码之间的包含与层次关系，逻辑行空格的数目决定逻辑行的缩进层次，同一语句块必须具有相同的缩进空格数目，例如以下代码：

```
if True:
  print('True')
else:
  print('False')
```

如果同一语句块缩进不一致，编辑器会输错，例如以下代码：

```
if True:
  print('True')
else:
  print('False')
   print('与 False 缩进不同')
```

在严格要求的代码缩进之下，代码非常整齐规范、赏心悦目，提高了可读性，在一定程度上也提高了可维护性。要求严格的代码缩进是 Python 的一大特色，也是初学者最容易忽视的问题。

在 PyCharm 中，鼠标选中多行代码后，按下 Tab 键，一次可以整体缩进 4 个字符，按 shift+Tab 组合键可以使选中的行整体左移 4 个字符。

2.1.3　熟悉 Python 标识符

标识符是程序开发人员自定义的一些符号和名称，用于表示变量、函数等对象，这些符号和名称称为标识符。

Python 语言规定标识符必须由数字、字母、下画线和汉字等字符组成，但是标识符的首字母不能是数字，且中间不能有空格，对于标识符的长度则没有限制。例如，StudentName、_test、x_train_2 等都是合法的标识符。对于标识符还要注意以下事项：

（1）Python 的标识符是区分大小写的，例如 Python 和 python 是不同的标识符。

（2）Python 中不能使用关键字作为标识符。例如 if、return 等不能作为标识符。

（3）标识符尽量见名识意，看到就理解其意义，例如用 sex 表示性别、name 表示姓名等。

（4）变量名采用驼峰命名法，即每一个单词的首字母都采用大写字母，如 FirstName、LastName；模块名用小写加下画线的方式，如：data_time_format。

Python 语言可以采用中文等非英文字符对变量进行命名，但是由于存在输入法切换、平台编码以及跨平台兼容等问题，一般不建议采用中文语言字符对变量进行命名。本书中所有变量命名均采用英文字符。

2.1.4　识记 Python 关键字

在 Python 中，具有特殊作用的标识符称为关键字，也称为保留字，它们被 Python 语句内部定义并保留使用，在编写程序的过程中，不允许定义与关键字名称相同的标识符。每种程序设计语言都有一套关键字，用来构成程序的整体框架，表达关键值和具有结构性的语义信息。Python 提供了 33 个关键字，如表 2-1 所示。

表 2-1　Python 常用的 33 个关键字

False	def	if	raise
None	del	import	return
True	elif	in	try
and	else	is	while
as	except	lambda	with
assert	finally	nonlocal	yield
break	for	not	
class	from	or	
continue	global	pass	

可以通过 help("keywords")函数进入帮助系统查看关键字的信息，由于关键字已经被 Python 语言赋予了一定的含义，对于该语言的学习者来说，应首先识记其对应的关键字。

2.2　变量与输入输出控制

2.2.1　命名 Python 变量

在 Python 中，变量不需要提前声明，创建时直接对其赋值即可，变量类型由赋给变量的值决定。需要注意的是，变量的命名须严格遵守标识符的规则，一旦创建了一个变量，就需要给该变量赋值。变量声明的一般格式如下：

变量名=值

在上述格式中，变量名好比一个标签，指向内存空间的一块特定的地址。创建一个变量时，在机器的内存中，系统会自动给该变量分配一块内存，用于存放变量值。如声明变量 x=100，其变量存储模型如图 2-1 所示。

图 2-1　变量存储模型

通过 id()函数可以具体查看创建变量和变量重新赋值时内存空间的变化过程，代码如下：

```
x=100
print(id(x))
y=x
print(id(y))
x=20
print(id(x))
#程序运行结果分别为1629666624, 1629666624, 16296643684
```

从上述代码的输出可以直观地看出，一个变量在初次赋值时就会获得一块内存空间来存放变量值；当令变量 y 等于变量 x 时，其实是一种内存地址的传递，变量 y 获得的是存储变量 x 值的内存地址，所以当变量 x 改变时，变量 y 并不会发生改变。此外还可以看出，变量 x 的值改变时，系统会重新分配另一块内存空间存放新的变量值。

变量的值就是赋给变量的数据，有数字（Number）、字符串（String）、列表（List）、元组（Tuple）、字典（Dictionary）、集合（Sets）。其中，列表、元组、字典和集合属于复合数据类型。

2.2.2　向程序输入数据

如果需要和程序进行交互，则可以使用键盘通过 input()函数向程序中输入数据，需要注意的是无论用户通过控制台输入的是什么内容，都被 input()函数转换为字符串处理。在获得用户输入之前，input()函数还可以输出一些提示性文字，其语法格式如下：

```
变量名=input("提示性文字")
```

上述格式将用户从控制台输入的内容转换为字符串，并赋给指定的变量。如果想将字符串转换为指定的内容，可以使用 Python 提供的 eval()函数，该函数的形式如下：

```
变量名=eval(字符串)
```

该函数会将指定的字符串内容转换为数字型数据，如果输入的是整型数字则变量类型转换为 int；若输入为小数，则变量类型转换为 float。

【任务 2-2】世界上大部分国家计量时采用公制单位（米），但美国等一些国家使用英制单位（英尺）。编写程序，输入你的身高（公制，单位：米），将其换算成英制单位（单位：英尺）并输出（1 米≈3.28 英尺）。

```
1.  height = input("请输入您的身高:")
2.  result = eval(height)*3.28
3.  print("您的身高转换为英尺后的高度为:",result)
```

代码说明：

第 1 行代码——从控制台输入身高，并转换为字符串赋给变量 height。

第 2 行代码——将 height 转换为数字型，并乘以 3.28，计算得到英制单位的身高。

第 3 行代码——输出将米转换为英尺的高度。

运行程序，其输出如下：

```
请输入您的身高:1.8
您的身高转换为英尺后的高度为：5.904
```

2.2.3　控制格式化输出

Python 使用 print()函数向屏幕上输出指定的字符串信息，print()函数接受多个字符串，字符串之间用逗号"，"分隔，逗号在打印时以空格代替。print()函数的语法格式如下：

```
print(字符串 1,字符串 2,…,字符串 n)
```

上述格式在输出纯字符串时，可以将待输出的内容直接传递给 print()函数，但是当输出变量的值时，需要采用格式化输出的方式，Python 提供了 3 种格式化输出的方法，下面分别进行介绍。

1.　使用格式化操作符%

格式化字符串时，Python 使用一个字符串作为模板，模板中有格式符，这些格式符为真实值预留位置，并说明真实数值应该呈现的格式。Python 将多个值传递给模板，每个值对应一个格式符。格式符可以包含有一个类型码，用以控制显示的类型。例如%f 表示浮点数格式，%s 表示字符串格式等。

整型数据可以指定占有宽度，其具体格式和含义如表 2-2 所示。

表 2-2　整型格式及含义

格　　式	含　　义
%5d	右对齐，位数不足时左边补空格
%-5d	左对齐，位数不足时右边补空格
%05d	右对齐，位数不足时左边补 0

浮点型数据可以指定小数位数，其具体格式和含义如表 2-3 所示。

表 2-3　浮点型格式及含义

格　　式	含　　义
%f	默认是输出 6 位有效数据，会进行四舍五入

格　式	含　义
%.8f	保留小数点后 8 位
%4.2f	4 代表整个浮点数的长度，包括小数，只有当字符串的长度大于 4 位才起作用

除此之外，Python 还有其他一些格式控制符，其具体格式及含义如表 2-4 所示。

表 2-4　Python 其他格式控制符

格　式	含　义
%s	字符串（采用 str() 的显示）
%r	字符串（采用 repr() 的显示）
%c	单个字符
%b	二进制整数
%d	十进制整数
%i	十进制整数
%o	八进制整数
%x	十六进制整数
%e	指数（基底写为 e）
%E	指数（基底写为 E）
%f	浮点数
%F	浮点数，与上相同
%g	指数（e）或浮点数（根据显示长度）
%G	指数（E）或浮点数（根据显示长度）

另外，Python 对换行和退格等一些特殊字符使用转义字符控制，其符号和说明如表 2-5 所示。

表 2-5　Python 特殊字符转义符

符　号	说　明
\'	单引号
\"	双引号
\a	发出系统响铃声
\b	退格符
\n	换行符
\t	横向制表符

符　　号	说　　明
\v	纵向制表符
\r	回车符
\f	换页符
\o	八进制数代表的字符
\x	十六进制数代表的字符
\000	终止符，\000 后的字符串全部忽略

【任务 2-3】BMI （Body Mass Index，身体质量指数，简称体质指数）是用体重（千克）除以身高（米）的平方得出的值。编写程序，输入姓名、身高和体重，计算 BMI，并输出全部信息（BMI 保留 2 位有效数字）。

```
1.  # 计算 BMI
2.  name = input('请输入姓名：')
3.  height = eval(input('请输入身高（单位：米）：'))
4.  weight = eval(input('请输入体重（单位：千克）：'))
5.  BMI=weight/(height*height)
6.  print('姓名：%s' % name)
7.  print('身高（m）：%.2f 体重（kg）：%.2f BMI：%.2f' % (height, weight, BMI))
```

代码说明：

第 1 行代码——程序注释，说明该程序的作用。

第 2 行代码——从控制台输入姓名，赋给变量 name。

第 3～4 行代码——输入身高和体重并转换为数值，并分别赋给变量 height 和 weight。

第 5 行代码——根据公式计算 BMI 的值。

第 6 行代码——以字符串的形式输出姓名。

第 7 行代码——输出身高、体重和 BMI，保留 2 位小数。

运行程序，输入相关数值，其输出结果如下：

```
请输入姓名：王晓静
请输入身高（单位：米）：1.56
请输入体重（单位：千克）：55
姓名：王晓静
身高（m）：1.56 体重（kg）：55.00 BMI：22.60
```

2. 使用字符串的 format()函数

相对基本格式化输出采用 "%" 的方法，format()函数功能更强大，该函数把字符串当成一个模板，在模板中由一系列的槽位组成，用来控制字符串中嵌入值出现的位置，其基本思想是将 format()函数中以逗号分隔的参数按照序号关系替换到模板字符串的槽中。槽用大括号 "{}" 表示，如果没有大括号，则按照出现的顺序替换。其基本语法格式如下：

```
字符串模板.format(逗号分隔的参数)
```

以下代码描述 format()函数进行格式化控制的方式：

```
print("Python 的市场占有率越来越高，据统计{}年，市场占有率:{}".format("2019","18.9"))
```

上述代码将 format()函数中的两个字符串的值分别填入字符串模板的相应槽中，其原理如图 2-2 所示。

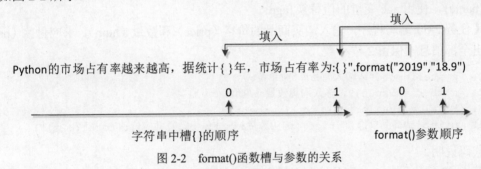

图 2-2　format()函数槽与参数的关系

【任务 2-4】编写程序，输入美元金额，计算并输出可以兑换的人民币金额（假设 1 美元兑换人民币 6.70 元），结果保留 2 位小数。

```
1.  dollar =input("请输入美元金额:$")
2.  dollar_float = eval(dollar)
3.  rmb=dollar_float*6.7
4.  print("您输入的美元为{0}，兑换成人民币的金额:{1:.2f}".format(dollar_float,rmb))
```

代码说明：

第 1 行代码——从控制台输入美元字符串，赋给变量 dollar。

第 2 行代码——使用 eval()函数将 dollar 字符串转换为数字型。

第 3 行代码——根据汇率计算兑换成人民币的金额。

第 4 行代码——使用 format()函数进行格式化输出，且第 2 个参数保留 2 位小数。

运行程序，输入美元，其输出结果如下：

```
请输入美元金额:$100
您输入的美元为100，兑换成人民币的金额为:670.00
```

3. 格式化字符串 f–string

f-string 简称为格式化字符串，是 Python 3.6 新引入的一种字符串格式化方法，主要目的是使格式化字符串的操作更加简便。f-string 在形式上是以 f 或 F 修饰符引领的字符串（f'xxx' 或 F'xxx'）格式化方法，以大括号 "{}" 标明被替换的字段，其代码描述形式如下：

```
name='张三'
age=20
print(f"姓名{name},今年的年龄是:{age}")
```

在上述代码中，使用了格式化字符串 f-string，在输出的过程中，使用 name 变量的值替换{name}，使用 age 变量的值替换{age}。

【任务 2-5】编写程序，输入购买商品的价格（price）和数量（num），求应付款（pay）并输出全部信息（保留 2 位小数）。

```
1.  price=input("请输入商品单价(单位:元)")
2.  number = input("请输入购买数量（单位:个）")
3.  total = eval(price)*eval(number)
4.  print(f"商品单价:{price},购买数量:{number},总共应付:{total:.2f}")
```

代码说明：

第 1～2 行代码——分别从控制台输入两个字符串，赋给变量 price 和 number。

第 3 行代码——将 price 和 number 分别转换成数字型，计算两者的乘积。

第 4 行代码——使用格式化字符串控制输出，将 {} 中的变量替换为相应的值。

运行程序，输入商品单价和购买数量，其输出结果如下：

```
请输入商品单价(单位:元)23.4
请输入购买数量（单位:个）6
商品单价:23.4,购买数量:6,总共应付:140.40
```

2.3　数字数据类型

数字（Number）类型是 Python 的基本数据类型之一，常见的数字类型有整型（int）、浮点型（float）及布尔型（bool）。

2.3.1　整型数进制转换

整型数据与数学中整数的概念是一致的，如 1000、0、−500 等。整数可以是 0、正整数或负整数。在 Python 中整型类型可以表示的范围是有限的，它和机器支持的内存大小以及机器的字长有关。例如 32 位的计算机上的整型表示为 32 位，其数据范围可以是-2^{31}~2^{31}-1；而在 64 位的计算机上的整型表示为 64 位，其数据范围是-2^{63}~2^{63}-1。以下代码声明了两个整型数据的变量：

```
a=25     #表示整型变量 a，值为 25
b=-18    #表示整型变量 b，值为-18
```

整型类型共有 4 种进制表示：十进制、二进制、八进制以及十六进制，默认情况下，整型采用的是十进制，其他进制则需要加上引到符号，其引到符号如下：

（1）十进制。默认为十进制，使用 0~9 共 10 个数字表示，使用 int()可以将以上各类数转换为十进制数。

（2）二进制。以 0b 或 0B 开头，使用 0~1 共 2 个数字表示，例如十进制 139 用二进制表示为 0b10001011，使用 bin()可以将一个整数转换为二进制。

（3）八进制。以 0o 或 0O 开头，使用 0~7 共 8 个数字表示，例如十进制 139 用八进制表示为 0o123，使用 oct()可以将一个整数转换为八进制。

（4）十六进制。以 0x 或 0X 开头，使用 0~9 及 A~F 共 16 个数字和字母表示，例如十进制 139 用十六进制表示为 0x8b，使用 hex()可以将一个整数转换为十六进制。

【任务 2-6】分别声明一个二进制、八进制和十六进制整型数，并将它们转换为十进制整型数，使用 print()函数输出显示；然后声明一个十进制整型数，将其转换为二进制、八进制和十六进制整型数，使用 print()函数输出显示。

```
1.  a = 0b1011
2.  b = 0o2731
3.  c = 0x7AB2
4.  print("二进制数:", bin(a), " 转化为十进制数是:", int(a))
5.  print("八进制数:", oct(b), " 转化为十进制数是:", int(b))
6.  print("十六进制数:", hex(c), " 转化为十进制数是:", int(c))
7.  x = -456
8.  print("十进制数:", x, "转化为二进制数是:", bin(x))
9.  print("十进制数:", x, "转化为八进制数是:", oct(x))
10. print("十进制数:", x, "转化为十六进制数是:", hex(x))
```

代码说明：

第 1 行代码——声明一个二进制整型数赋给变量 a。

第 2 行代码——声明一个八进制整型数赋给变量 b。

第 3 行代码——声明输入一个十六进制整型数赋给变量 c。

第 4~6 行代码——分别将 a、b、c 转换为十进制整型数并输出。

第 7 行代码——声明一个十进制整型数赋给变量 x。

第 8～10 行代码——将 x 分别转换为二进制、八进制和十六进制整型数并输出。

运行程序，其输出结果如下：

```
二进制数：0b1011  转化为十进制数是：11
八进制数：0o2731  转化为十进制数是：1497
十六进制数：0x7ab2  转化为十进制数是：31410
十进制数：-456 转化为二进制数是：-0b111001000
十进制数：-456 转化为八进制数是：-0o710
十进制数：-456 转化为十六进制数是：-0x1c8
```

2.3.2　浮点型数温度转换

浮点型数据与数学中实数的概念是一致的，都是表示带有小数的数值。Python 语言要求所有的浮点数必须带有小数，但小数部分也可以是 0，这种设计有效地区分了整型数据与浮点型数据两种不同的类型。

在表示方面，浮点型数据有两种表示方法：十进制表示和科学计数表示法。十进制表示与数学中实数的表示方法一致，如 1.25、-3.96 等。在 Python 中小数点后也可以不带数字，如 31.表示 31.0。

科学计数法以 e（或 E）为底表示以 10 为底的指数形式，e 之前为数字部分，e 之后为指数部分，且两部分必须同时出现，而且指数部分必须是整数。例如 1.2e3、3.5e-12 分别表示 $1.2×10^3$ 与 $3.5×10^{-12}$。

Python 中的浮点数的数值范围和小数精度受到不同的计算机系统限制，使用 sys.float_info 可以详细列出解释器所运行系统的浮点数的各项参数，例如：

```
import sys
print(sys.float_info)
#程序输出: sys.float_info(max=1.7976931348623157e+308, max_exp=1024,
max_10_exp=308, min=2.2250738585072014e-308, min_exp=-1021,
min_10_exp=-307, dig=15, mant_dig=53, epsilon=2.220446049250313e-16,
radix=2, rounds=1)
```

上述代码输出了浮点数所表示的最大值（max）、最大值的幂次（max_exp）、最小值（min）及最小值的幂次（min_exp）等信息。

【任务 2-7】输入摄氏温度值 C，输出华氏温度值 F。摄氏温度与华氏温度的转换关系为：

$$F = \frac{9}{5}C + 32$$

```
1.  C = eval(input('请输入摄氏温度：'))
```

```
2.  F = C * 9 / 5 + 32
3.  print("摄氏温度{}转换为华氏温度为：{}".format(C, F))
```

代码说明：

第 1 行代码——输入摄氏温度并转化为数值。

第 2 行代码——根据公式计算华氏温度。

第 3 行代码——使用 print()函数输出格式化后的结果。

运行程序，输入摄氏温度，输出华氏温度，其输出结果如下：

```
请输入摄氏温度：35
摄氏温度 35 转换为华氏温度为：95.0
```

2.3.3 构造布尔型变量

布尔型是计算机中最基本的类型，其只有 True（正确）和 False（错误）两种值。Python 把 1 和其他数值及非空字符串都看成 True，把 0、空字符串"和 None 看成 False。

【任务 2-8】构造布尔型变量，并输出 True 或 False。

```
1.  a=True
2.  print('a: ',a)
3.  b=False
4.  print('b: ',b)
5.  c1=bool(0)
6.  c2=bool('')
7.  c3=bool([])
8.  print('c1:', c1 ,'c2:' , c2, 'c3:', c3)
```

代码说明：

第 1~2 行代码——将变量 a 赋值为 True 并打印。

第 3~4 行代码——将变量 b 赋值为 False 并打印。

第 5~8 行代码——将 c1、c2 和 c3 分别用布尔值 0、空字符和[]赋值，并输出结果。

运行程序，其输出结果如下：

```
a:  True
b:  False
c1: False c2: False c3: False
```

2.3.4 不同数字类型的转换

在 Python 中，不同的数字类型之间可以相互转换，例如两个整型数进行除法运算，其运算结果很可能包含浮点型数，通过内置的数字类型转换函数可以显式地将运算结果转换为整型，需要注意的是，浮点型数转换为整数时，小数部分将被舍弃。Python 提供了多个函数对数字类型进行转换，如表 2-6 所示。

表 2-6 Python 类型转换函数

函　　数	描　　述	示　　例
int(x)	将其他类型转换为整型类型	int("12")或 int(3.56)
float(x)	将其他数据类型转换为浮点型	float(1)或 float("1")
bool(x)	将其他类型转换为布尔型	bool(30)

【任务 2-9】编程实现定义一个整型数，分别将其转换为浮点型数据和布尔型数据输出。

```
1.   a=78
2.   print('a: ',float(a))
3.   print('a: ',bool(a))
```

代码说明：

第 1 行代码——定义一个整型变量 a，赋值为 78。

第 2 行代码——将变量 a 转换为浮点型数据，并输出结果。

第 3 行代码——将变量 a 转换为布尔型数据，并输出结果。

运行程序，其输出结果如下：

```
a: 78.0
a: True
```

2.4 字符串类型

2.4.1 定义字符串

字符串是由一系列字符组成的序列，在 Python 中，创建字符串既可以使用单引号(')、也可以使用双引号（"）或三引号（"""）。其中单引号和双引号都表示单行的字符串，两者作用相同；使用单引号时，双引号可以作为字符串的一部分；使用双引号时，单引号可以作为字符串的一部分；三引号可以表示单行或多行的字符串。以下代码分别使用 3 种方式创建字符串：

```
var1="I Love Python Language!"
var2='I Love Python Language!'
var3='''Hello,Eveyone, welcome to our world'''
```

需要注意的是，在 Python 中，当一个字符串创建完毕后，其值不能够修改，当给一个字符串的一个索引位置赋值时，会产生语法错误。

需要在字符中使用特殊字符时，用反斜杠"\"转义字符，这样当解释器遇到这个转义字符时，会明白这不是字符串结束标记。在 Python 中转义字符有很多种，常见的如表 2-7 所示。

表 2-7　常见的转义字符

转 义 字 符	代 表 含 义
\（在行尾时）	续行符
\\	反斜杠符号
\"	双引号
\'	单引号
\b	退格（Backspace）
\000	空
\n	换行

【任务 2-10】声明两个字符串，第 1 个字符串的值为 We 're good friends!，第 2 个字符串的值为 he said: "maybe tomorrow is sunny!"，并输出这两个字符串。

```
1.   first ="we\'re good friends!"
2.   second = "he said: \"maybe tomorrow is sunny!\""
3.   print(first)
4.   print(second)
```

代码说明：

第 1 行代码——声明一个字符串，并使用转义字符对'进行转义。

第 2 行代码——声明一个字符串，并对双引号进行转义。

第 3～4 行代码——输出字符串。

运行程序，输出结果如下：

```
we're good friends!
he said: "maybe tomorrow is sunny!"
```

为了避免对字符串中的转义字符进行转义，可以在字符串前面加上字母 r 或 R 表示原始字符串，其中的所有字符都表示原始的含义而不会进行任何转义，常用在文件路径、URL 和正则表达式等。

2.4.2　访问字符串

在 Python 中，字符串中每个字符对应一个编号，即索引位置，该位置从 0 开始，依次递增 1，这个编号称为字符的下标，如图 2-3 所示，通过下标就可以访问字符串中的每个字符。

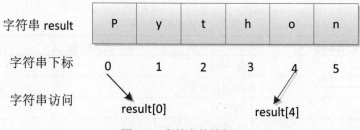

图 2-3　字符串的访问

在程序中，还可以通过切片操作截取一部分字符串。切片的基本操作形式如下：

```
[start:end:step]
```

上述格式中，start 表示截取字符串的开始位置索引，end 表示截取字符串的结束位置索引，step 截取字符串的步长，默认为 1。需要注意的是切片操作返回的字符串中，不包含结束位置索引的字符。

【任务 2-11】从控制台输入字符串，使用下标访问第 3 个字符，使用切片操作输出所有的奇数字符以及第 4 个字符及其以后的所有字符。

```
1.   result=input("请输入字符串:")
2.   print("第 3 个字符为:",result[2])
3.   print("所有的奇数字符为:",result[0::2])
4.   print("第 4 个字符及其以后的字符为:",result[3:-1:])
```

代码说明：

第 1 行代码——输入一个字符串，并将该字符串赋给 result。

第 2 行代码——使用下标的方式输出第 3 个字符。

第 3 行代码——使用切片的方式输出所有的奇数字符。

第 4 行代码——使用切片的方式输出第 4 个字符及其以后的所有字符。

运行程序，输入字符串"Python Language is Great!"，其输出结果如下：

```
请输入字符串:Python Language is Great!
第 3 个字符为: t
```

所有的奇数字符为：Pto agaei ra!
第 4 个字符及其以后的字符为：hon Language is Great!

2.4.3　查找字符串

Python 提供了 find()和 index()两个函数用于检索字符串中是否包含指定子串。find 函数在检索的过程中，如果包含子串则返回子串开始位置的索引值，若不包含子串，则返回 -1；而对于 index()函数，在检索中若包含子串则返回子串开始位置的索引值，否则会抛出异常。以上两个函数的形式如表 2-8 所示。

表 2-8　查找字符串函数

函　　　数	说　　　明
str.find(sub,start,end)	检索 str 中是否包含 sub 子串： sub：指定检索的子串； start：开始检索位置，默认为 0； end：结束检索位置，默认为字符串的长度
str.index(sub,start,end)	检索 str 中是否包含 sub 子串： sub：指定检索的子串； start：开始检索位置，默认为 0； end：结束检索位置，默认为字符串的长度

【任务 2-12】声明一个字符串"I Love Python Language!"，使用 find()函数查找 Love 子串出现的位置，使用 index()函数检索是否包含 Good 子串。

```
1.   info ='I Love Python Language!'
2.   result1 =info.find("Love")
3.   print("result1:",result1)
4.   result2 = info.index("Good")
5.   print("result2:",result2)
```

代码说明：

第 1 行代码——声明一个字符串，并将字符串赋给 info 变量。

第 2～3 行代码——使用 find()函数检索 Love 子串出现的位置，并输出。

第 4～5 行代码——使用 index()函数检索 Good 子串出现的位置，由于原字符串中没有该子串，会抛出异常。

运行程序，其输出结果如下：

```
result1: 2
result2 = info.index("Good")
ValueError: substring not found
```

2.4.4　统计字符串

Python 提供了 count()函数用于统计字符串中某个字符出现的次数,可选参数为在字符串中搜索的开始位置与结束位置。该函数主要返回字符在原始字符串中出现的次数,其函数形式如表 2-9 所示。

表 2-9　统计字符串函数

函　　数	说　　明
str.count(sub, start= 0,end=len(string))	统计 sub 子串在 str 中出现的次数: sub:用于统计的子串; start:开始搜索的位置,默认为 0; end:结束搜索的位置,默认为字符串的结束位置

【任务 2-13】输入一个字符串,统计元音字母(a、e、i、o、u)出现的次数和频率(不区分大小写)。

```
1.  s1 = input("请输入一个字符串:")
2.  s2 =s1.lower()
3.  counta =s2.count('a')
4.  counte = s2.count('e')
5.  counti = s2.count('i')
6.  counto = s2.count('o')
7.  countu =s2.count('u')
8.  countAll = len(s2)
9.  print("字母 a 出现的次数为:%d,频率:%.2f"%(counta,counta/countAll*100),
    "%")
10. print("字母 e 出现的次数为:%d,频率:%.2f"%(counte,counte/countAll*100),
    "%")
11. print("字母 i 出现的次数为:%d,频率:%.2f"%(counti,counti/countAll*100),
    "%")
12. print("字母 o 出现的次数为:%d,频率:%.2f"%(counto,counto/countAll*100),
    "%")
13. print("字母 u 出现的次数为:%d,频率:%.2f"%(countu,countu/countAll*100),
    "%")
```

代码说明:

第 1 行代码——输入一个字符串,并将字符串赋给 s1。

第 2 行代码——将 s1 转换为小写字母,并赋给 s2。

第 3~7 行代码——统计各个字母出现的次数。

第 8 行代码——获得字符串的长度，即字符串中字符的个数。

第 9～13 行代码——使用 print()函数输出相关信息。

运行程序，输入字符串"I Love Python Language！"，其输出结果如下：

```
请输入你的字符串:I Love Python Lanuage!
字母 a 出现的次数为:2,频率:9.09 %
字母 e 出现的次数为:2,频率:9.09 %
字母 i 出现的次数为:1,频率:4.55 %
字母 o 出现的次数为:2,频率:9.09 %
字母 u 出现的次数为:1,频率:4.55 %
```

2.4.5　字符串替换与拆分

字符串替换就是将字符串中的某个子串用另外一个子串替代，并输出替换后的新的字符串；字符串拆分是将一个字符串按照指定的分隔符分割为多个子串，这些子串会被保存成为列表的形式返回。Python 提供了字符串替换和拆分的函数，其函数形式如表 2-10 所示。

表 2-10　字符串替换与拆分函数

函　　数	说　　明
str.replace(old, new,count)	将 str 中的 old 子串替换为 new： old：被替换的子字符串； new：新字符串，用于替换 old 子字符串； count：可选参数，替换不超过 count 次
str.split(sep="", maxsplit=-1)	将 str 按照 sep 分隔符分割为若干个子串： sep：分隔符，默认为所有的空字串，包括空格、换行('\n')和制表符('\t')； maxsplit：可选参数，用于指定分割的次数，默认为分割所有

【任务 2-14】有字符串日期"2018-11-12"，编程实现使用"-"分隔符分割日期，并输出分割后的结果。

```
1.  date = '2018-11-12'
2.  separator = '-'
3.  result = date.split(separator)
4.  print(result)
```

代码说明：

第 1 行代码——声明一个日期字符串，并赋给变量 date。

第 2 行代码——声明字符串分割符号。

第 3 行代码——使用分隔符分割日期，并返回分割结果。

第 4 行代码——输出字符串分割后的结果。

运行程序，其输出结果如下：

```
['2018', '11', '12']
```

2.4.6　字符串运算

Python 中提供了 6 种字符串运算符，可以使用不同的运算符进行字符串运算，如表 2-11 所示。其中声明字符串变量 m 的值为 Great，n 的值为 Python。

表 2-11　字符串运算符

操　作　符	描　　　述	实　　例
+	连接运算符，用于字符串连接	print(m+n)输出：GreatPython
*	重复运算符，用于字符串重复输出	print(m *2)输出：GreatGreat
[]	访问运算符，通过索引获取字符串中的字符	print(m[0])输出：G
[:]	访问运算符，用于截取字符串的一部分	print(m[0:2])输出：Gr
in	成员操作符，如果字符串中包含给定的字符，返回 True	print('y' in n)输出：True
not in	成员操作符，如果字符串中不包含给定的字符，返回 True	print(' y ' not in n)输出：False

2.5　运算符与表达式

在 Python 中，对数据进行变换称为运算，参与运算的符号称为运算符，参与运算的数值称为操作数，由各种运算符连接起来的式子称为表达式。

2.5.1　算术运算符实现四则运算

算术运算符主要实现不同数值之间的加、减、乘、除运算，其中常用的算术运算符如表 2-12 所示（假设 a=40，b=20）。

表 2-12　Python 中算术运算符

运　算　符	描　　　述	示　　　例
+	加法：两个对象相加	a+b 的输出结果为 60
-	减法：得到负数或是一个数减去另一个数	a-b 的输出结果为 20
*	乘法：两个数相乘或是返回一个被重复若干次的字符串	a*b 的输出结果为 800
/	除法：x 除以 y	a/b 的输出结果为 2
%	取模：返回除法的余数	a%b 的输出结果为 0
**	幂：返回 x 的 y 次幂	a**b 为 40 的 20 次方
//	取整除：返回商的整数部分（向下取整）	a//b 的结果为 2

【任务 2-15】假设 a=40，b=20，c=0，编程应用运算符实现不同变量之间的算术运算，并输出运算结果。

```
1.  a = 40
2.  b = 20
3.  c = 0
4.  c = a + b
5.  print("a + b 的值为:", c)
6.  c = a - b
7.  print("a - b 的值为:", c)
8.  c = a * b
9.  print("a*b 的值为:", c)
10. c = a / b
11. print("a/b 的值为:", c)
12. c = a % b
13. print("a % b 的值为:", c)
14. c = a ** b
15. print("a**b 的值为:", c)
16. c = a // b
17. print("a//b 的值为:", c)
```

代码说明：

第 1～3 行代码——声明 a 的值为 40，b 的值为 20，c 的值为 0。c 用于存储 a 与 b 运算的结果。

第 4～5 行代码——计算 a+b，将结果赋给 c，并输出。

第 6～7 行代码——计算 a-b 的值，将结果赋给 c，并输出。

第 8～9 行代码——计算 a*b 的值，将结果赋给 c，并输出。

第 10～11 行代码——计算 a/b 的值，将结果赋给 c，并输出。

第 12～13 行代码——计算 a%b 的值，将结果赋给 c，并输出。

第 14～15 行代码——计算 a**b 的值，将结果赋给 c，并输出。

第 16～17 行代码——计算 a//b 的值，将结果赋给 c，并输出。

运行程序，其输出结果如下：

```
a + b 的值为: 60
a - b 的值为:20
a*b 的值为:800
a/b 的值为:2.0
a % b 的值为: 0
a**b 的值为:1099511627776000000000000000000000
a//b 的值为: 2
```

2.5.2　赋值运算符给变量赋值

赋值运算符只有一个，即“=”，它的作用是将等号右边的值赋给等号左边的变量。除此之外，Python 还提供了复合赋值运算符，它可以看作是将算术运算符和赋值运算进行合并的一种运算。常见的赋值运算符如表 2-13 所示。

表 2-13　Python 中赋值运算符

运　算　符	描　　述	示　　例
=	简单的赋值运算符	c = a + b 表示将 a + b 的运算结果赋给 c
+=	加法赋值运算符	c += a 等效于 c = c + a
-=	减法赋值运算符	c -= a 等效于 c = c - a
*=	乘法赋值运算符	c *= a 等效于 c = c * a
%=	除法赋值运算符	c %= a 等效于 c = c % a
**=	幂赋值运算符	c **= a 等效于 c = c ** a
//=	取整除赋值运算符	c //= a 等效于 c = c // a

【任务 2-16】假设 a=40，c=0，编程应用赋值运算符实现赋值及计算，并输出运算结果。

```
1.  a = 40
2.  c = 0
3.  c += a
4.  print("c += a 的值为:", c)
5.  c *= a
```

```
6.  print("c *= a 的值为:", c)
7.  c /= a
8.  print("c /= a 的值为:", c)
9.  c %= a
10. print("c %= a 的值为:", c)
```

代码说明：

第 1～3 行代码——声明 a 的值为 40，c 的值为 0。c 用于存储 c 与 a 运算的结果。

第 4～5 行代码——实现 c += a 运算，并将运算结果输出。

第 6～7 行代码——实现 c *= a 运算，并将运算结果输出。

第 8～9 行代码——实现 c /= a 运算，并将运算结果输出。

第 10～11 行代码——实现 c %= a 运算，并将运算结果输出。

运行程序，其输出结果如下：

```
c += a 的值为: 40
c *= a 的值为: 1600
c /= a 的值为: 40.0
c %= a 的值为: 0.0
```

2.5.3　比较运算符比较数值大小

Python 中的比较运算符主要用于比较两个不同的数，其返回结果只能是布尔值 True 或 False。Python 中常用的比较运算符如表 2-14 所示。

表 2-14　Python 中比较运算符

运　算　符	含　　义	示　　例
>	大于：如果左操作数大于右操作数，则为 True	若 a=8，b=4 则 a > b 为 True
<	小于：如果左操作数小于右操作数，则为 True	若 a=8，b=4 则 a < b 为 False
==	等于：如果两个操作数相等，则为 True	若 a=4，b=4 则 a == b 为 True
!=	不等于：如果两个操作数不相等，则为 True	若 a=2，b=5 则 a != b 为 True
>=	大于等于：如果左操作数大于或等于右操作数，则为 True	若 a=4，b=4 则 a >= b 为 True
<=	小于等于：如果左操作数小于或等于右操作数，则为 True	若 a=5，b=5 则 a <= b 为 True

【任务 2-17】假设 a=40，b=10，编程实现应用比较运算符比较两个数的大小，并输出运算结果。

```
1. a = 40
2. b = 10
3. if ( a == b ):
4.    print ("a is equal to b")
5. else:
6.    print ("a is not equal to b")
7. if ( a < b ):
8.    print ("a is less than b" )
9. else:
10.   print ("a is not less than b")
```

代码说明：

第 1~2 行代码——分别声明变量 a 与 b 的值。

第 3~6 行代码——判断 a 与 b 的值是否相等，根据比较结果输出相应的字符串。

第 7~10 行代码——判断 a 是否小于 b，根据比较结果输出相应的字符串。

运行程序，其输出结果如下：

```
a is not equal to b
a is not less than b
```

2.5.4 逻辑运算符参与逻辑运算

Python 中的逻辑运算符主要包括与、或、非，如表 2-15 所示。

表 2-15 Python 中逻辑运算符

运 算 符	含 义	示 例
and	布尔"与"，如果 x 为 False，x and y 返回 x 的值，否则返回 y 的值	若 x=10，y=20 x and y 结果为 20
or	布尔"或"，如果 x 是 True，x or y 返回 x 的值，否则返回 y 的值	若 x=10，y=30 x or y 结果为 10
not	布尔"非"，如果 x 为 True，则 not x 返回 False；如果 x 为 False，则 not x 返回 True	若 x=10,y=30 not(x and y) 结果为 False

【任务 2-18】假设 m=10，n=30，编程实现应用逻辑运算符比较两个数，并输出运算结果。

```
1.  m = 10
2.  n = 30
3.  if m and n:
4.     print("变量 m 和 n 都为 True")
```

```
5.  else:
6.     print("变量 m 和 n 有一个不为 True")
7.  if m or n:
8.      print("变量 m 和 n 都为 True，或其中一个变量为 True")
9.  else:
10.     print("变量 m 和 n 都不为 True")
11. if not( m and n):
12.     print("变量 m 和 n 都为 False，或其中一个变量为 False")
13. else:
14.     print("变量 m 和 n 都为 True")
```

代码说明：

第 1~2 行代码——声明变量 m 和 n 的值。

第 3~6 行代码——使用逻辑与运算符进行逻辑判断，根据判断结果输出相应的字符串。

第 7~10 行代码——使用逻辑或运算符进行逻辑判断，根据判断结果输出相应的字符串。

第 11~14 行代码——使用逻辑非运算符进行逻辑判断，根据判断结果输出相应的字符串。

运行程序，其输出结果如下：

```
变量 m 和 n 都为 True
变量 m 和 n 都为 True，或其中一个变量为 True
变量 m 和 n 都为 True
```

2.6　实　践　应　用

2.6.1　千位数裂变

1. 项目介绍

输入一个任意的千位数，分别输出个数、十位、百位和千位上的值。例如输入一个千位数 1314，输出千位数 1、百位数 3、十位数 1、个位数 4。

2. 学习目标

（1）掌握 input() 和 print() 函数的使用。

（2）掌握 Python 除法和取余的使用方式。

（3）理解有关数学运算的逻辑思维过程。

3. 项目解析

首先考虑得到数 1314 千位数的方法：number//1000；然后考虑得到百位数的方法：number%1000//100；再考虑得到十位数的方法：number%100//10；最后考虑得到个位数的方法：number%10。

4. 代码清单

本项目的代码清单如下：

```
1.   number = int(input('请输入一个千位数:'))
2.   qw= number//1000
3.   bw =number%1000//100
4.   sw = number%100//10
5.   gw = number%10
6.   print("千位上的数为:",qw)
7.   print("百位上的数为:",bw)
8.   print("十位上的数为:",sw)
9.   print("个位上的数为:",gw)
```

代码说明：

第 1 行代码——使用 input()函数获得用户输入的字符串，并转换为整数。

第 2~5 行代码——分别获取千位、百位、十位和个位上的数字。

第 6~10 行代码——使用 print()函数输出千位、百位、十位和个位上的数字。

运行程序，其输出结果如下：

```
请输入一个千位数:1563
千位上的数为: 1
百位上的数为: 5
十位上的数为: 6
个位上的数为: 3
```

2.6.2 恺撒密码加密和解密字符串

1. 项目介绍

恺撒密码是一种最为古老的对称加密体制。在古罗马时，恺撒大帝曾用来对军事情报进行加密和解密。其基本思想是：通过把字母移动一定的位数来实现加密和解密，明文中的所有字母都在字母表上向后按照一个固定数目进行偏移后被替换成密文，而密文中所有字母都在字母表上向前按照一个固定数目进行偏移后被替换成明文。例如，当步长为 3 时，A 被替换成 D，B 被替换成 E，以此类推，X 被替换成 A：

原文：A B C D E F G H I J K L M N O P Q R S T U V W X Y Z
密文：D E F G H I J K L M N O P Q R S T U V W X Y Z A B C

2. 学习目标

（1）了解恺撒密码机制加密和解密规则。

（2）掌握使用 Python 对字符串进行恺撒加密的方法。

（3）掌握对字符串的基本操作方法。

3. 项目解析

加密过程：输入字符串，遍历字符串中的每一个字符，如果该字符 P 的范围在 a～z 或 A～Z，则执行(P+3)%26，从而得到密文。

解密过程：遍历密文字符串的每一个字符，如果该字符 P 的范围在 a～z 或 A～Z，则执行(P-3)%26，从而得到明文。

4. 代码清单

本项目的代码清单如下：

```
1.  orginal = input("请输入一个字符串:")
2.  result='' #加密后的密文
3.  for i in range(len(orginal)):
4.      if ord('A') <=ord(orginal[i])<=ord('Z'):
5.          ciphertext=ord('A')+((ord(orginal[i])-ord('A'))+3)%26
6.      elif ord('a') <=ord(orginal[i])<=ord('z'):
7.          ciphertext=ord('a')+((ord(orginal[i])-ord('a')) + 3 )%26
8.      else:
9.          ciphertext=ord(orginal[i])
10.     result+=chr(ciphertext)
11. print("加密后的字符串为:",result)
12. plaintext ='' #解密后的明文
13. for i in range(len(result)):
14.     if ord('A') <=ord(orginal[i])<=ord('Z'):
15.         decrypt =ord('A')+((ord(result[i])-ord('A'))-3)%26
16.     elif ord('a') <=ord(result[i])<=ord('z'):
17.         decrypt =ord('a')+((ord(result[i])-ord('a')) -3)%26
18.     else:
19.         decrypt=ord(result[i])
20.     plaintext+=chr(decrypt)
21. print("解密后的字符串为:",plaintext)
```

代码说明：

第 1 行代码——获取从控制台上输入的字符串，并赋给 orginal。

第 3~5 行代码——遍历字符串中的每个字符，若该字符范围在 A~Z，则将每个字符向后移动 3 个位置。

第 6~7 行代码——遍历字符串中的每个字符，若该字符范围在 a~z，则将每个字符向后移动 3 个位置。

第 11 行代码——使用 print() 函数输出加密后的密文。

第 13~19 行代码——对加密后的密文进行解密。

第 21 行代码——使用 print() 函数输出解密的明文。

运行程序，其输出结果如下：

```
请输入一个字符串:Simple Python
加密后的字符串为：Vlpsoh Sbwkrq
解密后的字符串为：Simple Python
```

2.7　本章小结

本章主要介绍了 Python 的语法基础，首先介绍了 Python 的注释与缩进规则，接着阐述了 Python 的标识符与关键字。

Python 提供了强大的格式化输出功能，我们可以通过使用格式化操作符%、format() 函数以及格式化字符串控制输出格式。

在数据类型方面，Python 提供了整型、浮点型以及布尔型等基础数据类型，并提供了不同类型之间相互转换的函数；字符串也是 Python 提供的数据类型，程序可以根据需要对字符串进行定位、查找与统计操作。

在程序运算方面，Python 提供了算术运算符、赋值运算符、比较运算符以及逻辑运算符等，满足对不同操作数的运算。

本 章 习 题

一、选择题

1. 下列符号中，属于 Python 单行注释的是（　　）。

　　A．#　　　　　　　B．//　　　　　　C．<!-- -->　　　D．'''

2. 下列标识符中，属于合法的是（　　）。

　　A．helloworld　　　B．3hello　　　　C．hello#world　　D．_helloworld

3. 以下（　　　）标识符不是 Python 的关键字。

　　　A．int　　　　　　　B．float　　　　　　C．double　　　　　　D．bool

4. 数学表达式 3<x<=15，表示成正确的 Python 表达式为（　　　）。

　　　A．3<x<=15　　　　　　　　　　　　B．3<x and x<=15

　　　C．3<x&x<=15　　　　　　　　　　　D．x>3　or x<=15

5. 为了给整型变量 x、y、z 赋值为 10，下面正确的 Python 语句是（　　　）。

　　　A．xyz=10　　　　　　　　　　　　　B．x=10,y=10,z=10

　　　C．x=y=z=10　　　　　　　　　　　　D．x=10 y=10 z=10

6. 已知 x=2，y=3，复合赋值语句 x*=y+5 执行后，x 变量的值是（　　　）。

　　　A．11　　　　　　B．16　　　　　　C．13　　　　　　　D．26

7. 当需要在字符串中使用特殊字符时，Python 使用（　　　）作为转义字符。

　　　A．\　　　　　　B．/　　　　　　C．#　　　　　　　D．%

8. 字符串 Python 中，字符 h 对应的下标位置是（　　　）。

　　　A．1　　　　　　B．3　　　　　　C．4　　　　　　　D．5

9. 下列函数中，能够返回某个字符串在原字符串中出现的次数的函数是（　　　）。

　　　A．length()　　　　B．index()　　　　C．count()　　　　　D．number()

二、填空题

1. 在 Python 中，int 表示的数据类型是＿＿＿＿＿＿＿＿＿＿。

2. Python 表达式 12/4-2+5*8/4%5/2 的值为＿＿＿＿＿＿＿＿。

3. 如果 a=1，b=5，那么(a and b)的值为＿＿＿＿＿＿＿＿。

4. 如果 m=10，n=20，那么(a and b)的结果是＿＿＿＿＿＿＿＿＿。

5. Python 提供了＿＿＿＿＿＿＿函数可以从控制台获得字符串输入。

6. 布尔型数据类型，使用的关键字是＿＿＿＿＿＿。

三、判断题

1. Python 使用#进行单行注释。（　　　）

2. 标识符可以使用数字开头。（　　　）

3. Python 中的代码块使用缩进来表示。（　　　）

4. Python 中字符串的访问下标从 1 开始。（　　　）

5. 如果 index()函数没有在字符串中找到子串，则返回-1。（　　　）

四、程序分析题

1. 分析以下程序，输出结果为＿＿＿＿＿＿＿。

```
a=30
b=5
print(a//b)
```

2. 分析以下程序，输出结果为＿＿＿＿＿＿＿。

```
print("数量{0}，单价{1}".format(100,35.6,12))
```

3. 分析以下程序，输出结果为＿＿＿＿＿＿＿。

```
a=3
b=5
a+=b
print(a)
print(b)
```

五、简答题

1. 简述 Python 标识符的命名规则。
2. 简述 Python 常用的格式化输出方法。
3. 简述字符串的查找方法有哪些。
4. 如何统计字符串中子串的数量。

六、程序设计题

1. 输入直角三角形的两个直角边 a 和 b 的长度，求斜边 c 的长度。
2. 编写一个程序，实现两个数的交换。
3. 声明一个字符串变量，其值为 hello,this is good habit \n，尝试使用转义的方式输出原文。
4. 输入一个字符串，利用切片操作反转字符串，并输出反转后的结果。
5. 输入一个字符串，检索该字符串中是否包含字符 a、b、c、d、e 五个字符，并输出字符第一次出现的位置。
6. 输入一个字符串，统计 0～9 十个数字在字符串中出现的次数和频率。
7. 输入一个字符串，将字符串中所有的小写 a 替换为大写的 A，分别输出原始字符串和替换后的结果。
8. 编程实现 145893 秒是几天几小时几分钟几秒钟。

第 3 章 Python 程序流程控制

1. 知识图谱

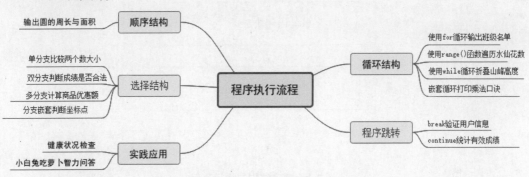

2. 学习目标

（1）掌握单分支、双分支和多分支判断语句的使用。

（2）理解与掌握 for 循环语句。

（3）理解与掌握 range()函数。

（4）理解与掌握 while 循环语句。

（5）熟练掌握 break 和 continue 语句。

3.1 顺 序 结 构

程序中语句执行的基本顺序为各个语句出现的先后次序，称为顺序结构，其执行流程如图 3-1 所示。在该结构中先执行语句块 1，再执行语句块 2，最后执行语句块 3，三者是顺序关系。

【任务 3-1】编写程序，从控制台输入圆的半径，计算圆的周长和面积，并分别打印输出。

```
1.  import math
2.  radius=int(input("请输入的圆的半径:"))
3.  area=math.pi*radius*radius
4.  perimeter = 2*math.pi*radius
```

```
5.  print ( "圆的周长为: %.2f" % perimeter)
6.  print ( "圆的面积为: %.2f" % area)
```

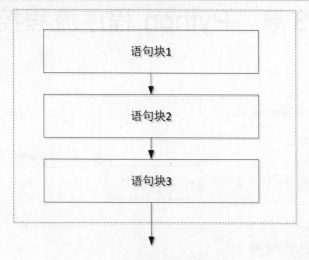

图 3-1　顺序结构的执行流程

代码说明:

第 1 行代码——计算圆的周长和面积需要使用 π 的值, Python 的 math 模块中包含常量 pi, 通过导入 math 模块可以直接使用。

第 2 行代码——input()函数从控制台接收一个输入值, int()函数将输入的值转换为整型。

第 3 行代码——计算圆的面积。

第 4 行代码——计算圆的周长。

第 5～6 行代码——分别使用 print()函数输出圆的周长与面积, 并保留两位小数。

运行程序, 其输出结果如下:

```
请输入的圆的半径:5
圆的周长为:31.42
圆的面积为:78.54
```

3.2　选　择　结　构

选择结构也称为分支结构, 是程序根据条件判断结果而选择不同的执行路径的一种运行方式。Python 使用 if 语句来实现分支结构, 常见的分支结构有单分支结构、双分支结构、多分支结构以及分支嵌套。

3.2.1　单分支比较两个数大小

if 单分支结构是最基本的分支结构，它允许基于某些条件执行相应的代码块。单分支结构语法格式如下：

```
if（条件表达式）：
    缩进代码块
非缩进代码块
```

其中：

（1）判定条件可以是关系表达式、逻辑表达式或算术表达式。

（2）每个 if 条件后面要使用冒号，表示接下来是满足条件后要执行的缩进代码块。

（3）缩进代码块可以是单个语句，也可以是多个语句，多个语句的缩进必须对齐一致。

当条件表达式的值为真（True）时，执行 if 后面的缩进代码块，否则跳过缩进代码块。无论缩进代码块是否执行，都将继续执行与 if 语句相同缩进的非缩进代码块。单分支结构的程序执行流程如图 3-2 所示。

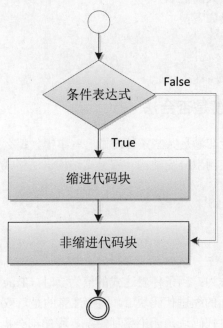

图 3-2　单分支结构执行流程

【任务 3-2】编写程序，从控制台输入两个整数 a 和 b，比较这两个数使得 a>b，并输出较大的 a 的值。

```
1.  a=int(input("请输入 a 的值:"))
2.  b=int(input("请输入 b 的值:"))
3.  if(a<b):
4.      t = a
5.      a = b
6.      b = t
7.  print("a 与 b 两个数，较大的值为:",a)
```

代码说明：

第 1 行代码——使用 input()函数从控制台接收一个输入，int()函数将输入的值转换为整型，赋给变量 a。

第 2 行代码——使用 input()函数从控制台接收一个输入，int()函数将输入的值转换为整型，赋给变量 b。

第 3 行代码——比较 a 与 b 的大小，如果 a 小于 b，交换 a 与 b 的值。

第 7 行代码——输出较大的值 a。

运行程序，其输出结果如下：

```
请输入 a 的值:9
请输入 b 的值:6
a 与 b 两个数，较大的值为:9
```

3.2.2　双分支判断成绩是否合法

使用单分支结构，只能在满足某些条件时做一些事情，那么当条件不满足，但依然需要完成某些任务时，可以使用双分支结构。双分支结构语法格式如下：

```
if（条件表达式）:
    缩进代码块 1
else:
    缩进代码块 2
非缩进代码块
```

双分支结构的执行流程为：当条件表达式的值为真时（True），执行 if 后面的缩进代码块 1，否则执行 else 后面的缩进代码块 2。需要注意的是，双分支结构的两个代码块是互斥的，只能执行一个缩进代码块，无论哪种情况，程序都会执行其后的非缩进代码块。双分支结构的程序执行流程如图 3-3 所示。

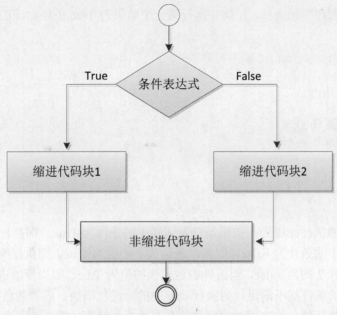

图 3-3　双分支结构执行流程

【任务 3-3】编写程序，输入学生成绩，判断成绩范围是否在 0～100，如果在此范围，输出"成绩有效！"，否则输出"成绩非法！"。

```
1.   score = float(input("请输入学生成绩:"))
2.   if(score>=0 and score<=100):
3.       print("成绩有效!")
4.   else:
5.       print("成绩非法!")
```

代码说明：

第 1 行代码——获取从控制台输入的值，并将该值转变为 float 类型，赋给 score。

第 2～5 行代码——判断 score 值的范围是否在 0～100，如果在该范围，打印输出"成绩有效！"，否则输出"成绩非法！"

运行程序，输入成绩，其输出结果如下：

```
请输入学生成绩:88
成绩有效!
```

3.2.3　多分支计算商品优惠额

多分支结构通常用于判断同一个条件或一类条件的多个执行路径，Python 会按照多个分支结构的代码顺序判断条件，寻找并执行第一个结果为 True 条件对应的语句。多分支结构语法格式如下：

```
if（条件表达式 1）:
  缩进代码块 1
elif（条件表达式 2）:
  缩进代码块 2
elif（条件表达式 3）:
  缩进代码块 3
…
else:
  缩进代码块 n+1
非缩进代码块
```

多分支结构的执行流程为：如果条件表达式 1 的条件为 True，则执行缩进代码块 1；如果条件表达式 1 的条件为 False，但条件表达式 2 的值为 True，则执行缩进代码块 2；如果条件表达式 1 和 2 均为 False，但条件表达式 3 的值为 True，则执行缩进代码块 3，以此类推。如果所有的条件均不满足，则执行 else 中的缩进代码块。需要注意的是，无论哪种情况，程序都将执行随后的非缩进代码块。其具体执行流程如图 3-4 所示。

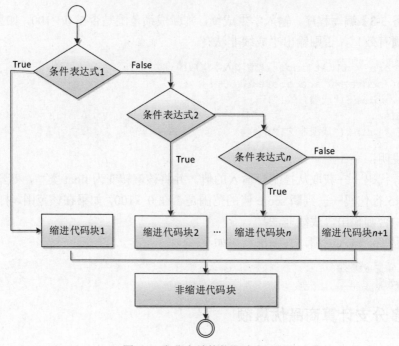

图 3-4 多分支结构执行流程

【任务 3-4】输入购买商品的总额，根据优惠规则，输出优惠后的应付金额。商品优惠规则如下：

（1）当购物的总额低于 1000 元时，打 9 折。

（2）当购物的总额在 1000～3000 元时（不含 3000）时，打 8 折。

（3）当购物的总额为 3000～8000 元时（不含 8000）时，打 7 折。

（4）当购物的总额为 8000～10000 元时（不含 10000）时，打 6 折。

（5）当购物的总额大于 10000 元时，打 5 折。

```
1.  money = int(input("请输入您购买商品的总额:"))
2.  if(money<1000):
3.      money= money*0.9
4.  elif(money<3000):
5.      money = money*0.8
6.  elif(money<8000):
7.      money=money*0.7
8.  elif(money<10000):
9.      money=money*0.6
10. else:
11.     money = money*0.5
12. print( "优惠后的商品总额为: %.2f" % money)
```

代码说明：

第 1 行代码——获取从控制台输入的值，并将该值转换为 float 类型，赋给 money。

第 2～3 行代码——如果购买金额低于 1000 元，则应付金额为 money*0.9。

第 4～5 行代码——如果购买金额在 1000～3000 元（不含 3000），则应付金额为 money*0.8。

第 6～7 行代码——如果购买金额在 3000～8000 元（不含 8000），则应付金额为 money*0.7。

第 8～9 行代码——如果购买金额在 8000～10000 元（不含 10000），则应付金额为 money*0.6。

第 10～11 行代码——如果购买金额在 10000 元以上，则应付金额为 money*0.5。

第 12 行代码——输出优惠后的商品总额，并保留两位小数。

运行程序，输入商品总额，其优惠价格如下：

```
请输入您购买商品的总额:9800
优惠后的商品总额为: 5880.00
```

3.2.4　分支嵌套判断坐标点

　　在实际应用过程中，有时候分支执行场景比较复杂，比如我们乘坐飞机时，要首先买票办理登机手续，才能进入安检，只有安检通过，才能拿着登机牌登机。从上述场景可以看到，后面的条件是在前面条件成立的基础上才进行判断。针对这种情况，Python 提供了分支嵌套来实现，其语法格式如下：

```
if（条件表达式1）:
  if（满足条件表达式2）
      缩进代码块1
  else:
      缩进代码块2
else:
  if(条件表达式3)
      缩进代码块3
  else:
      缩进代码块4
非缩进代码块
```

　　上述分支嵌套的执行流程为：如果条件表达式 1 的值为 True，则继续判断条件表达式 2 的值，如果也为 True，则执行缩进代码块 1；如果条件表达式 1 的值为 True，条件表达式 2 的值为 False，则执行缩进代码块 2；如果条件表达式 1 的值为 False，条件表达 3 的值为 True，则执行缩进代码块 3；如果条件表达式 1 的值为 False，条件表达式 3 的值为 False，则执行缩进代码块 4。其具体执行流程如图 3-5 所示。

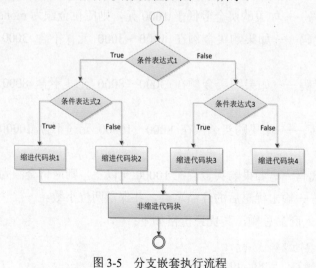

图 3-5　分支嵌套执行流程

【任务 3-5】编程实现从控制台输入 x 和 y 两个坐标点，判断该点是属于平面坐标系的第 1 象限、第 2 象限、第 3 象限还是第 4 象限。

```
1.  x=int(input("请输入平面内的x坐标点:"))
2.  y=int(input("请输入平面内的y坐标点:"))
3.  if(x>0):
4.      if(y>0):
5.          print("(%d,%d)在第1象限"%(x,y))
6.      else:
7.          print("(%d,%d)在第4象限"%(x,y))
8.  else:
9.      if(y>0):
10.         print("(%d,%d)在第2象限"%(x,y))
11.     else:
12.         print("(%d,%d)在第3象限"%(x,y))
```

代码说明：

第 1~2 行代码——分别从控制台输入两个数，并将它们转换为整型，赋给 x 和 y。

第 3~5 行代码——判断 x 和 y 是否同时大于 0，如果满足该条件，则输出该坐标点在第 1 象限。

第 6~7 行代码——如果 x 大于 0，且 y 小于 0，则在第 4 象限。

第 8~10 行代码——如果 x 小于 0，且 y 大于 0，则在第 2 象限。

第 11~12 行代码——如果 x 小于 0，且 y 小于 0，则在第 3 象限。

运行程序，输入 x 和 y 坐标的值，输出如下：

```
请输入平面内的x坐标点:4
请输入平面内的y坐标点:-6
(4,-6)在第4象限
```

3.3　循　环　结　构

3.3.1　使用 for 循环输出班级名单

for 循环广泛应用于 Python 程序设计中，可以遍历任何序列，如列表、字符串和元组。在遍历过程中，列表或元组有几个元素，for 循环的循环体就执行几次，针对每个元素执行一次。for 循环的基本语法格式如下：

```
for 变量 in 序列:
    缩进代码块
非缩进代码块
```

　　在上述格式中，序列必须是一个可迭代的对象。执行 for 循环时，将序列中的每一项赋给变量，并针对每一个变量执行缩进代码块，执行完序列中的每一项后，退出循环，执行非缩进代码块。for 循环的程序执行流程如图 3-6 所示。

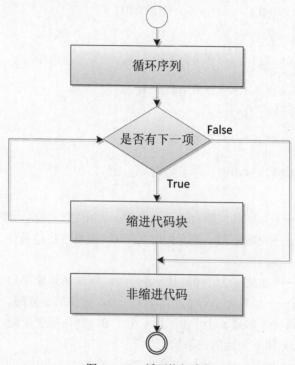

图 3-6　for 循环执行流程

　　【任务 3-6】有一个班级姓名的元组集合，使用 for 循环遍历输出其中每一位同学的信息。

```
1.   names = ("张三","李四","王五","赵六","田七")
2.   for username in names:
3.       print(username,',',end='')
```

代码说明：

第 1 行代码——声明一个姓名元组，该元组中有 5 个元素。

第 2 行代码——使用 for…in 循环遍历其中的每一个元素。

第 3 行代码——使用 print()函数输出遍历出的每一个元素。

运行程序，其输出结果如下：

```
张三 ,李四 ,王五 ,赵六 ,田七 ,
```

3.3.2　使用 range()函数遍历水仙花数

range()函数是 Python 内置的一个可迭代对象，可以产生指定范围的数字序列，配合 for 使用可以对该数字序列进行循环输出。其格式为：

```
range(start, stop[, step])
```

上述函数产生[start,stop)范围内的序列数字，其中计数从 start 开始，默认从 0 开始，例如 range(10)等价于 range(0,10)；计数到 stop 结束，但不包括 stop，例如 range(3)表示计数[0,1,2]，step 表示步长，默认步长为 1。

【任务 3-7】编程打印输出 100～999 的所有水仙花数。水仙花数是指一个 n 位数（n ≥3），其各位上的数字的 n 次幂之和等于它本身。例如 153 是一个水仙花数，因为 $153=1^3+5^3+3^3$。

```
1.  for i in range(100,1000,1):
2.      baiwei = int(i/100)
3.      shiwei = int((i/ 10) % 10)
4.      gewei =int(i%10)
5.      result = baiwei*baiwei*baiwei+shiwei*shiwei*shiwei+gewei*gewei*
gewei
6.      if(result==i):
7.          print(i,"是一个水仙花数")
```

代码说明：

第 1 行代码——从 100 循环到 1000，步长为 1，但不包括 1000。

第 2 行代码——获得百位上的数字。

第 3 行代码——获得十位上的数字。

第 4 行代码——获得个位上的数字。

第 5 行代码——百位上数字的立方、十位上数字的立方及个位上数字的立方和。

第 6 行代码——如果求和结果等于循环的数字，则该数字是一个水仙花数，输出。

运行程序，其输出结果如下所示：

```
153 是一个水仙花数
370 是一个水仙花数
371 是一个水仙花数
407 是一个水仙花数
```

3.3.3　使用 while 循环折叠山峰高度

while 循环是"当"型循环控制语句，在每次执行循环体之前，都要先计算条件表达值的值，根据循环表达值的值，决定是否进入循环体。while 循环的语句格式如下：

```
while(条件表达式):
    缩进循环体
非缩进代码块
```

其中，条件表达式是循环条件，可以是任意类型的表达式，如关系表达式或逻辑表达式，缩进循环体由一条或多条语句组成。在循环开始时，首先判断 while 后面条件表达值的值，如果条件为 True，则执行缩进循环体；执行完循环体后，再次判断条件表达值的值，如此循环，直到条件表达式的值为 False，直接弹出循环体，进入非缩进代码块。while 循环的程序执行流程如图 3-7 所示。

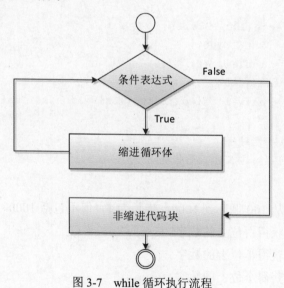

图 3-7　while 循环执行流程

【任务 3-8】世界最高山峰珠穆朗玛峰的高度为 8848m。现在有一张足够大的纸张，厚度为 0.001m，请问折叠多少次，可以保证厚度不低于珠穆朗玛峰的高度。

```
1.  start = 0.001
2.  end = 8848
3.  count =0
4.  while start<end:
5.      count=count+1
```

```
6.     start= start*2
7.  print("经过%d次折叠,可以达到珠穆朗玛峰的高度!"%count)
```

代码说明:

第 1 行代码——声明开始时一张纸的厚度为 0.001。

第 2 行代码——声明最终纸张折叠后的高度。

第 3 行代码——声明经过 count 次折叠才能达到山峰高度。

第 4 行代码——循环条件,即折叠的厚度大于 8848 时循环终止。

第 5～6 行代码——每次执行循环体折叠次数加 1,而高度是上一次高度的 2 倍。

第 7 行代码——输出最终折叠的次数。

运行程序,其输出结果如下:

经过 24 次折叠,可以达到珠穆朗玛峰的高度!

3.3.4　嵌套循环打印乘法口诀

Python 语言允许在一个循环体内嵌入其他的循环体,如可以在 while 循环中嵌入 for 循环,也可以在 for 循环中嵌入 while 循环。

【任务 3-9】编程实现使用嵌套循环,输出乘法口诀表。

```
1.  row_num= 1
2.  while row-num <= 9:
3.     col_num= 1
4.     while col_num <= row_num:
5.        print("%d * %d = %d\t" % (col_num, row_num, col_num* row_num),
end="")
6.        col_num += 1
7.     print()
8.     row_num += 1
```

代码说明:

第 1 行代码——row_num 声明行号,乘法口诀表有 9 行,因此 row_num 从 1 开始到 9 结束。

第 2 行代码——while 循环的条件是 row_num 小于等于 9。

第 3 行代码——声明列号,每次进入循环时,列号从 1 开始,循环到行号。

第 5 行代码——print() 函数默认每次输出都会换行,使用 end=""使每次输出不换行。

第 6 行代码——输出一个元素之后,使列号加 1。

第 7 行代码——每次输出一行后换行。

第 8 行代码——行号加 1。

运行程序，其输出结果如下：

```
1*1=1
1*2=2    2*2=4
1*3=3    2*3=6    3*3=9
1*4=4    2*4=8    3*4=12   4*4=16
1*5=5    2*5=10   3*5=15   4*5=20   5*5=25
1*6=6    2*6=12   3*6=18   4*6=24   5*6=30   6*6=36
1*7=7    2*7=14   3*7=21   4*7=28   5*7=35   6*7=42   7*7=49
1*8=8    2*8=16   3*8=24   4*8=32   5*8=40   6*8=48   7*8=56   8*8=64
1*9=9    2*9=18   3*9=27   4*9=36   5*9=45   6*9=54   7*9=63   8*9=72   9*9=81
```

3.4　程　序　跳　转

3.4.1　break 验证用户信息

break 语句主要用于弹出当前循环体，如果有两层或两层以上的循环，在最内层使用 break 语句，则弹出的是最内层的循环，外层的循环不受任何影响。break 语句的执行流程如图 3-8 所示。

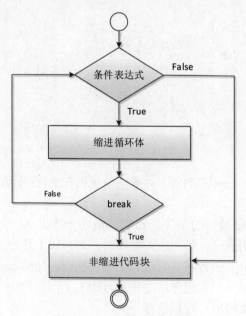

图 3-8　break 语句执行流程

【任务 3-10】编写程序，建立一个死循环，模拟用户登录操作，当输入的账号是 zhangsan 且密码为 123456 时，提示验证成功，否则继续验证；当连续输入 3 次错误时，弹出循环体。

```
1.   count =1
2.   while True:
3.       username = input("请输入您的用户名：")
4.       password = input("请输入您的密码：")
5.       if username=="zhangsan" and password=="123456":
6.           print("恭喜您，成功登录！")
7.           break;
8.       if count==3:
9.           break
10.      count= count+1
```

代码说明：

第 1 行代码——count 主要记录循环的次数，初始值为 1。

第 2 行代码——建立一个 while 循环，其循环条件始终为 True。

第 3 行代码——从控制台获取一个字符串，赋给 username。

第 4 行代码——从控制台获取一个字符串，赋给 password。

第 6~7 行代码——判断用户名和密码是否是 zhangsan 和 123456，如果是输出"恭喜您，成功登录！"，并使用 break 弹出循环体。

第 8~9 行代码——如果 count 的值是 3，即循环了 3 次，则使用 break 弹出循环体。

第 10 行代码——每次循环完成后，count 的值加 1。

运行程序，输入正确的用户信息 ，其输出结果如下：

```
请输入您的用户名：zhangsan
请输入您的密码：123456
恭喜您，成功登录！
```

3.4.2　continue 统计有效成绩

continue 用于终止当前循环，忽略剩余的语句，然后回到循环的顶端，进入下一次循环。在开始下一次循环之前，如果是条件循环，先验证条件表达式；如果是迭代循环，则验证是否还有元素可以迭代。只有在成功的前提下，才开始下一轮循环。

【任务 3-11】输入一批考试分数，若输入大于 100，则为无效成绩，提示重新输入；若成绩小于 0，则结束成绩输入，弹出循环体，并计算输出所有成绩的最高分和平均分。

```
1.   count = 0
2.   avg_score=0
3.   max_score=0
4.   total_score=0
5.   while True:
6.       score = float(input("请输入考生成绩:"))
7.       if score<0:
8.           break
9.       if score>100:
10.          print("输入成绩大于最高分数，请重新输入!")
11.          continue
12.      if max_score<score:
13.          max_score=score
14.      count=count+1
15.      total_score = score+total_score
16.  avg_score = total_score/count
17.  print("一共输入%d位同学有效成绩,平均成绩为:%.2f,最高成绩
         为:%.2f"%(count,avg_score,max_score))
```

代码说明：

第 1～3 行代码——分别声明学生数 count、平均成绩 avg_score 和最高成绩 max_score，其初始值都为 0。

第 6 行代码——从控制台输入数据，转换为 float 类型数据，赋给 score。

第 7～8 行代码——如果输入的成绩小于 0，则直接退出 while 循环。

第 9～11 行代码——如果输入的成绩大于 100，提示输入成绩无效，继续下一轮循环。

第 12～13 行代码——计算最高成绩。

第 14 行代码——统计有效成绩人数。

第 16 行代码——计算平均成绩。

第 17 行代码——输出成绩有效的人数、平均成绩和最高成绩。

运行程序，其输出结果如下：

```
请输入考生成绩:30
请输入考生成绩:400
输入成绩大于最高分数，请重新输入!
请输入考生成绩:-10
一共输入 1 位同学有效成绩,平均成绩为:30.00,最高成绩为:30.00
```

3.5　实践应用

3.5.1　健康状况检查

1.　项目介绍

输入一个人的身高（单位：cm）和体重（单位：kg），根据公式"标准体重=（身高-150）*0.6+48"计算标准体重，然后再根据公式"超重率=（实际体重-标准体重）/标准体重"计算超重率。若超重率<10%为正常体重，10%≤超重率＜20%属于体重超重，20%＜超重率＜30%属于轻度肥胖，30%≤超重率<50%属于中度肥胖，超重率≥50%属于重度肥胖。

2.　学习目标

（1）掌握 if 语句的格式和使用方法。
（2）掌握 if…elif 嵌套语句的格式和使用方法。
（3）培养利用分支嵌套解决实际问题的能力，提高逻辑思维能力。

3.　项目解析

首先使用 input()函数输入人的身高和体重，然后根据提供的公式分别计算标准体重和超重率，最后利用 if…elif 嵌套语句判断超重率，并输出相应的结果。

4.　代码清单

本项目的代码清单如下：

```
1.  height = float(input("请输入您的身高(cm):"))
2.  weight = float(input("请输入的您的体重(kg):"))
3.  standard_weight =(height-150)*0.6+48
4.  overweight_rate=(weight-standard_weight)/standard_weight
5.  if overweight_rate<0.1:
6.      print("您的身高为%d,体重为:%.2f,属于体重正常"%(height,weight))
7.  elif overweight_rate<0.2:
8.      print("您的身高为%d,体重为:%.2f,属于体重超重"%(height,weight))
9.  elif overweight_rate<0.3:
10.     print("您的身高为%d,体重为:%.2f,属于轻度肥胖"%(height,weight))
11. elif overweight_rate<0.5:
12.     print("您的身高为%d,体重为:%.2f,属于中度肥胖"%(height,weight))
13. else:
14.     print("您的身高为%d,体重为:%.2f,你严重肥胖"%(height,weight))
```

代码说明：

第 1~2 行代码——分别从控制台输入两个数，转换成 float 类型后赋给 height 与 weight。

第 3 行代码——根据身高按照公式计算标准体重。

第 4 行代码——根据体重计算超重率。

第 5~14 行代码——根据超重率进行条件判断，输出相应的字符串。

运行程序，其输出结果如下：

```
请输入您的身高(cm):170
请输入的您的体重(kg):75
您的身高为170,体重为:75.00,属于轻度肥胖
```

3.5.2 小白兔吃萝卜智力问答

1. 项目介绍

小白兔特别喜欢吃萝卜，从第 1 天开始它每天吃掉原有萝卜的一半，再多吃 1 个，吃到第 10 天只剩下 1 个萝卜。编程输出原来一共有多少个萝卜。

2. 学习目标

（1）掌握 for 循环语句的使用。

（2）掌握 range()序列函数的使用。

（3）掌握利用 for 和 range 进行循环结构设计的能力。

3. 项目解析

假设某一天有 m 个萝卜，下一天有 n 个萝卜，可以推算出 $n=m/2-1$，因此可以计算出 $m=2×(n+1)$，也就是说已知某一天有 n 个萝卜，则前一天萝卜的数量为 $2×(n+1)$。根据题意，第 10 天有 1 个萝卜，就 9 天应该有 2×(1+1)=4 个萝卜，依此类推可以计算出第 1 天的萝卜数量。

4. 代码清单

本项目的代码清单如下：

```
1.  result = 1
2.  for i in range(9,0,-1):
3.      result = (result+1)*2
4.      print("第%d 天的萝卜数量为:%d"%(i,result))
```

代码说明：

第 1 行代码——声明 result=1，表示第 10 天有 1 个萝卜。

第 2 行代码——使用 for…in range 从序列 9 循环到 1。

第 3～4 行代码——计算并输出每天的萝卜数目。

运行程序，其输出结果如下：

```
第 9 天的萝卜数量为:4
第 8 天的萝卜数量为:10
第 7 天的萝卜数量为:22
第 6 天的萝卜数量为:46
第 5 天的萝卜数量为:94
第 4 天的萝卜数量为:190
第 3 天的萝卜数量为:382
第 2 天的萝卜数量为:766
第 1 天的萝卜数量为:1534
```

3.6 本 章 小 结

本章主要介绍了 Python 程序的控制流程，包含顺序结构、分支结构和循环结构。其中分支结构分为单分支结构、双分支结构、多分支结构以及分支嵌套结构；循环结构用来多次重复执行某个代码块，主要有 for 循环和 while 循环；在程序执行的过程中，根据需要还可以使用 break 弹出当前循环体，以及使用 continue 结束当前循环，并继续进行下一轮循环。

本 章 习 题

一、选择题

1．在 if 语句中进行判断，产生（   ）时会输出相应的结果。

A．0   B．1   C．布尔值   D．以上均不正确

2．在 Python 中实现多个条件判断需要用到（   ）语句与 if 语句的组合。

A．else   B．elif   C．pass   D．以上均不正确

3．循环中可以用（   ）语句来弹出深度循环。

A．pass   B．continue   C．break   D．以上均可以

4．使用（   ）语句弹出当前循环的剩余语句，可以继续进行下一轮循环。

A．pass   B．continue   C．break   D．以上均可以

5．在 for i in range(5)语句中，i 的取值是（　　）。

A．[1,2,3,4,5]　　　B．[1,2,3,4]　　　　C．[0,1,2,3,4]　　　D．[0,1,2,3,4]

6．以下 for 循环中，（　　）不能实现 1～10 的累加功能。

A．for i in range(10,0): sum+=i

B．for i in range(1,11): sum+=i

C．for i in range(10,0，-1): sum+=i

D．for i in (10,9,8,7,6,5,4,3,2,1): sum+=i

7．下面的 if 语句判断满足"性别（gender）为男，职称（employ）为讲师，年龄（age）小于 35 周岁"条件的为（　　）。

A．if(gender=="男" or age<35 and employ="教师"):n+=1

B．if(gender="男" or age<35 and employ="教师"):n+=1

C．if(gender=="男" or age<35 and employ=="教师"):n+=1

D．if(gender=="男" and age<35 and employ=="教师"):n+=1

8．阅读下面的程序代码：

```
sum=0
for i in range(100):
    if(i%10):continue
    sum=sum+1
print(sum)
```

上述程序的输出结果为（　　）。

A．5050　　　　　B．4950　　　　　C．450　　　　　　D．45

9．已知 x=10，y=20，z=30，则执行以下程序后，x，y，z 的值分别为（　　）。

```
if x<y:
  z=x;
  x=y;
  y=z;
```

A．10，20，30　　B．10，20，20　　C．20，10，10　　D．20，10，10

10．有一个列表 L=[4,6,8,10,12,5,7,9]，列表解析式[x for x in L if x%2==0]返回的结果是（　　）。

A．[4,8,12,7]　　　B．[6,10,5,9]　　　C．[4,6,8,10,12]　　D．[5,7,9]

二、填空题

1．在 Python 中使用 while True: 循环的过程中，使用_____可以退出循环。

2．循环语句使用 for i in range(1,10,2)，则循环了_____次。

3．执行下列 Python 语句后的输出结果是_____，循环执行了_____次。

```
i=-1
while(i<0):
    i*=i
print(i)
```

4．在循环过程中，弹出循环使用_____语句。

5．在循环过程中，终止本次循环，开始下一轮循环使用_____语句。

三、判断题

1．if 分支结构有单分支、双分支、多分支以及分支嵌套。（　　　）

2．在循环过程中，break 用于结束本次循环，开始下一轮循环。（　　　）

3．for 循环和 while 循环可以实现相同的功能。（　　　）

4．当循环过程中，遇到 continue 语句，则下面的代码在本次循环中不执行。（　　　）

5．range()函数的作用是产生一个指定的序列。（　　　）

四、程序分析题

1．分析以下程序，输出结果为_____。

```
x=False
y=True
z=False
if(x or y and z):
  print("True")
else:
  print("false")
```

2．分析以下程序，输出结果为_____。

```
for I in range(2,5):
  print(i,end='')
```

3．分析以下程序，输出结果为_____。

```
n=int(input("请输入图形的行数:"))
for I in range(0,10-i):
  print(" ", "end=' ')
  for j in range(0,2*i+1)
      print("*",end=' ')
```

五、简答题

1．简述 Python 中 continue 与 break 的区别。

2．简述 range()函数的使用规则。

3．简述 while 循环和 for 循环语句的区别。

六、程序设计题

1．编写一个程序，判断一个输入数是正数还是负数。

2．编写一个程序，计算 1+2+3+⋯+100 的和。

3．编写一个程序，输入两个数，计算这两个数的最大公约数和最小公倍数。

4．编写一个程序，计算 $S = 1+1/2+1/3+⋯+1/100$ 的和。

5．编写程序，从键盘输入三角形的三条边 a、b、c，求三角形的周长和面积。提示：三角形的面积$=\sqrt[2]{p(p-a)(p-b)(p-c)}$，$p$ 的值为三角形周长的 1/2。

6．输入一个年份，判断该年份是否是闰年。判断标准：该年份除以 4 余数为 0 或者除以 100 余数为 0 且除以 400 余数为 0。

7．编写程序，输入 x 的值，输出 y 的值。要求：当 $x{\geqslant}0$ 时，$y=3x-1$；当 $x<0$ 时，$y=x^2+5$。

8．输入某门课的成绩，将其转换为五级制（优秀、良好、中等、及格和不及格）输出。评定条件如下：

$$
成绩等级=\begin{cases} 优 & score{\geqslant}90 \\ 良 & 80{\leqslant}score<90 \\ 中 & 70{\leqslant}score<80 \\ 及格 & 60{\leqslant}score<70 \\ 不及格 & score<60 \end{cases}
$$

9．有一个球从 100m 高度自由落下，每次落地后反弹回原来高度的一半，再落下。求第 10 次落地时，共经过多少米以及第 10 次反弹的高度。

10．小明的妈妈每天给他 2.5 元钱，他会存起来，但是每当这一天是存钱的第 5 天或者是 5 的倍数时，他都会花去 6 元钱。请问经过多少天，小明才可以存到 100 元钱。

11．小明单位发了 100 元的购物卡，他到超市买 3 类洗化用品：洗发水（15 元）、香皂（2 元）和牙刷（5 元）。要把 100 元正好花掉，可有哪些购买组合。

12．编写程序，要求不断接收控制台输入的字符串，并输出字符串的长度，如果接收的字符串是 quit，则弹出循环体。

第 4 章　Python 列表、元组与字典

1. 知识图谱

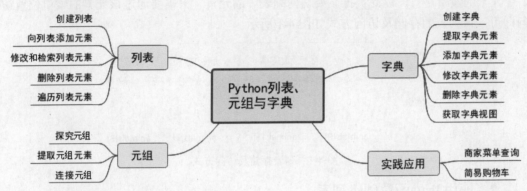

2. 学习目标

（1）掌握列表的创建与使用。
（2）理解元组的特性。
（3）掌握字典的创建与使用。
（4）根据应用场景熟练应用不同的数据结构。

4.1　列　　表

4.1.1　创建列表

列表是 Python 中一种重要的数据结构，是由一系列按特定顺序排列的元素组成的。列表既可以存储类型相同的数据元素，也可以存储类型不同的数据元素，在 Python 中，创建列表的方式有两种，下面分别进行介绍。

1. 使用方括号[]创建列表

使用方括号[ ]创建列表对象，只需要把所需的列表元素以逗号隔开，并用方括号[ ]将其括起来即可。当使用方括号[ ]而不传入任何元素时，就可创建一个空列表。列表创建的基本格式如下：

```
list_name=[元素 1,元素 2,元素 2,…,元素 n]
```

以下代码创建了一个简单的列表，该列表中包含了不同的动物。

```
animals=["东北虎","大熊猫","北极熊","长颈鹿"]
print(animals)
```

上述代码创建了含有 4 个元素的字符串列表，在该列表中第 1 个元素的索引是 0，第 2 个元素的索引是 1，以此类推。要访问列表中的元素，只需要通过该元素的索引位置访问即可。该列表的存储及访问方式如图 4-1 所示。

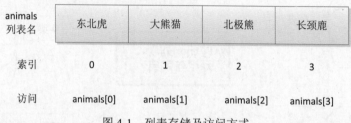

图 4-1　列表存储及访问方式

2. 使用 list()函数创建列表

在 Python 中，list()函数的作用实质上是将传入的数据对象转换成列表类型。使用 list()函数创建列表时，需要用圆括号或方括号把元素按顺序包括起来，元素之间以逗号隔开，并传入函数当中即可。其基本格式如下：

```
list_name=list(元素 1,元素 2,元素 2,…,元素 n)
```

【任务 4-1】定义包含 5 个学生姓名的列表，使用索引打印输出列表中的每个元素。

```
1.  students = ["李云鹏","张大为","李晓露","赵有志","彭友龙"]
2.  print("第 1 个学生信息:",students[0])
3.  print("第 2 个学生信息:",students[1])
4.  print("第 3 个学生信息:",students[2])
5.  print("第 4 个学生信息:",students[3])
6.  print("第 5 个学生信息:",students[4])
```

代码说明：

第 1 行代码——定义包含 5 个元素的列表，并将该列表的值赋给 students。

第 2～6 行代码——输出列表中的每一个元素，访问列表中的每个元素时，索引从 0 开始，以此类推。

运行程序，其输出结果如下：

第 1 个学生信息：李云鹏

第 2 个学生信息：张大为

第 3 个学生信息：李晓露

第 4 个学生信息：赵有志

第 5 个学生信息：彭友龙

4.1.2　向列表添加元素

向列表中添加元素就是将一个元素添加到列表的指定索引位置，根据添加位置的不同，Python 提供了 3 种方式：第 1 种是向列表尾部添加元素；第 2 种是向列表的指定位置添加元素；第 3 种是将一个列表插入的另外一个列表中。其具体函数形式如表 4-1 所示。

表 4-1　Python 向列表添加元素的函数

函　　数	说　　明
list.append(obj)	将元素 obj 添加到 list 的尾部。 obj：需要添加的元素
list.insert(index, obj)	将元素 obj 插入到 index 索引位置。 index：元素插入的索引位置； obj：需要插入的元素
list.extend(seq)	将列表 seq 插入 list 列表的尾部。 seq：需要插入的列表

【任务 4-2】定义两个包含 3 个元素的列表，第 1 个列表的值为["money","tiger", "elephant"]，第 2 个列表的值为["apple","pear","orange"] ，实现对列表的如下操作：

（1）向第 1 个列表的尾部添加元素"wolf"。

（2）向第 2 个列表的第 2 个元素前添加元素"banana"。

（3）将两个列表合并输出。

```
1.  animals=["money","tiger","elephant"]
2.  fruits = ["apple","pear","orange"]
3.  animals.append("wolf")
4.  fruits.insert(1,"banana")
5.  print("animals:",animals)
6.  print("fruits:",fruits)
7.  animals.extend(fruits)
8.  print("animals+fruits:",animals)
```

代码说明：

第 1～2 行代码——定义两个列表，其列表名分别是 animals 和 fruits。

第 3 行代码——向 animals 的尾部添加一个字符串元素。

第 4 行代码——向 fruits 的第 2 个位置添加一个字符串元素。

第 5～6 行代码——输出添加元素后的两个列表。

第 7～8 行代码——向列表中插入另外一个列表，并输出插入后的列表。

运行程序，其输出结果如下：

```
animals: ['money', 'tiger', 'elephant', 'wolf']
fruits : ['apple', 'banana', 'pear', 'orange']
animals+fruits : ['money', 'tiger', 'elephant', 'wolf', 'apple', 'banana',
'pear', 'orange']
```

4.1.3 修改和检索列表元素

在 Python 中，修改列表中元素的语法格式与访问列表元素的语法格式类似，两者都是通过下标索引进行的。其基本语法格式如下：

```
列表名[索引]=新值
```

而列表元素的检索，是查找指定的元素是否在列表中。Python 提供了 in 运算符查找指定的元素是否在列表中，其基本语法格式如下：

```
元素 in 列表
#判断指定的元素是否在列表中，如果存在则返回 True，否则返回 False
```

【任务 4-3】有如下城市组成的列表["北京","上海","重庆","广州","苏州"]，编程实现如下操作：

（1）从控制台输入城市名，将该城市名赋给 city 变量。

（2）使用 in 检索该城市在列表中是否存在，如果存在则将"北京"修改为"首都"，并打印输出"该城市存在！"，否则输出"该城市不存在！"。

```
1.   cities = ["北京","上海","重庆","广州","苏州"]
2.   city = input("请输入你要查找的城市:")
3.   if city in cities:
4.       cities[0]="首都"
5.       print("该城市存在!")
6.   else:
7.       print("该城市不存在!")
8.   print(cities)
```

代码说明：

第 1 行代码——声明由 5 个城市组成的列表 cities。

第 2 行代码——从控制台输入城市名，并赋给 city。

第 3～5 行代码——判断输入的城市是否在 cities 列表中，如果存在，则将"北京"修改为"首都"，并输出"该城市存在！"。

第 6～7 行代码——如果输入的城市在 cities 列表中不存在，则输出"该城市不存在！"。

第 8 行代码——输出修改后的 cities 列表。

运行程序，其输出结果如下：

```
请输入你要查找的城市：上海
该城市存在
['首都', '上海', '重庆', '广州', '苏州']
```

4.1.4　删除列表元素

在程序运行中，常常需要删除列表中的一个或多个元素，根据删除方式的不同，Python 提供了 3 种方法删除列表中的元素：第 1 种方法直接删除指定索引处的元素；第 2 种方法删除列表中的最后一个元素；第 3 种方法根据元素的值进行删除。相关的删除函数如表 4-2 所示。

表 4-2　删除列表元素的相关函数

函　　数	说　　明
del list[index]	删除 list 列表中指定索引处的元素。 index：索引的编号
list.pop()	删除 list 列表中的最后一个元素
list.remove(item)	删除 list 列中指定的元素。 item：要删除的元素的值

【任务 4-4】创建一个空列表，并进入循环体，在循环体中进行如下操作：

（1）当用户输入 1 时，向列表中增加元素。

（2）当用户输入 2 时，删除最后一个元素，并退出程序 。

```
1.  names = list()
2.  while True:
3.      stateCode =int(input("请输入数字 1 或 2: "))
4.      if stateCode==1:
5.          name = input("请输入一个元素: ")
6.          names.append(name)
```

```
7.          print(names)
8.     elif stateCode==2:
9.          names.pop()
10.         print(names)
11.         break
```

代码说明：

第 1 行代码——创建空列表，该列表名为 names。

第 2 行代码——创建 while 循环体，循环条件始终为 True。

第 3 行代码——获取用户从控制台输入的数字。

第 4～7 行代码——如果输入的数字是 1，则将用户输入的元素添加到列表尾部。

第 8～11 行代码——如果输入的数字是 2，则删除列表中的最后一个元素，并弹出循环体。

4.1.5　遍历列表元素

Python 提供了高效的方式访问列表中的每个数据，只需要将要遍历的列表作为 for 循环表达式中的序列即可。

【任务 4-5】定义一个列表，使用 for 循环遍历列表中的每个元素。

```
1.   studens=["小学生","中学生","高中生","大学生","研究生"]
2.   for person in studens:
3.       print(person)
```

代码说明：

第 1 行代码——创建含有 5 个元素的列表。

第 2～3 行代码——使用 for 循环访问并输出列表中的每个元素。

运行程序，其输出结果如下：

```
小学生
中学生
高中生
大学生
研究生
```

4.2　元　　组

4.2.1　探究元组

Python 的元组与列表类似，不同之处在于元组中的元素不能修改，其使用圆括号将所有的元素包含起来。在 Python 中创建元组也有两种方式，下面分别进行介绍。

1. 使用圆括号()创建元组

用圆括号()创建元组，只需要在圆括号中添加元素，并使用逗号将元素分隔开即可。其基本格式如下：

```
tuple_name=(x₁,x₂,x₃,…,xₙ)
```

其中 x_1, x_2, x_3, …, x_n 为元组中的每一个元素，可以为任意的类型。需要注意的是，即使元组中只有一个元素，后面也需要使用逗号。同理，如果不向圆括号中传入任何元素，则会创建一个空元组。

【任务 4-6】分别创建包含学生信息的元组、包含字母信息的元组和空元组。

```
1.  tuple_one = ("1003","李四",20,508.5,False)
2.  tuple_two=("a","b","c","d")
3.  tuple_three=()
```

代码说明：

第 1 行代码——创建含有 5 个元素的元组。解释器会将"1003"以及"李四"解释为字符串，将 20 解释为整型，将 508.5 解释为浮点型，将 False 解释为布尔型。

第 2 行代码——创建含有 4 个元素的元组，元组中每个元素均为字符串。

第 3 行代码——创建一个空元组。

2. 使用 tuple()函数创建元组

tuple()函数能够将其他数据结构对象转换成元组类型。先创建一个列表，将列表传入 tuple()函数中，再转换成元组，即可实现创建元组。其基本格式如下：

```
tuple()
tuple(iterable)
```

在上述代码中，第 1 行代码使用 tuple()函数创建空元组，第 2 行代码使用可迭代的对象创建元组。

【任务 4-7】使用 tuple()函数对任务 4-6 中的元组对象进行再次创建。

```
1.  tuple_one =tuple ("1003","李四",20,508.5,False)
2.  tuple_two=tuple("a","b","c","d")
3.  tuple_three=tuple()
```

4.2.2　提取元组元素

元组是不可变的，类似于对元素的添加、删除、修改等都不能作用在元组对象上，但元组也属于序列型的数据结构，因此可以在元组对象上进行元素提取操作。

与提取列表中的元素一样，在访问元组中的元素时，只需要传入元素的索引号，就可以获得指定索引的元素值。需要注意的是，若传入的索引超过元素索引的范围，会返回一个错误。

【任务 4-8】创建元组对象，使用索引号访问元组指定位置的元素。

```
1.  tuple_one = ("1003","李四",20,508,False)
2.  print("元组第 1 个元素:",tuple_one[0])
3.  print("元组第 5 个元素:",tuple_one[5])
```

代码说明：

第 1 行代码——创建含有 5 个元素的元组。解释器会将"1003"以及"李四"解释为字符串，将 20 解释为整型，将 508.5 解释为浮点型，将 False 解释为布尔型。

第 2 行代码——使用索引号输出元组的第 1 个元素。

第 3 行代码——输出索引号为 5 的元素。

运行代码，其输出结果如下：

```
元组第 1 个元素: 1003
Traceback (most recent call last):
    print("元组第 5 个元素:",tuple_one[5])
IndexError: tuple index out of range
```

在程序的输出中，第 2 个 print 语句出现错误，原因是索引号超过了元组索引的范围。

4.2.3　连接元组

虽然元组中的元素不可以修改和删除，但是可以对元组进行连接操作。可以使用"+"运算符连接两个元组，生成一个新的元组。

【任务 4-9】声明两个元组，并将两个元组连接生成一个新元组。

```
1.  tuple_one=("tony","幼儿园","大三班",5)
2.  tuple_two=("2019-06-15","野外旅游")
3.  tuple_three = tuple_one+tuple_two
4.  print(tuple_three)
```

代码说明：

第 1～2 行代码——声明了两个元组 tuple_one 和 tuple_two。

第 3 行代码——使用"+"运算符连接两个元组，生成新一个新元组 tuple_three。

第 4 行代码——打印连接后的元组。

运行代码，其输出结果如下：

```
('tony', '幼儿园', '大三班', 5, '2019-06-15', '野外旅游')
```

4.3　字　　典

在 Python 中，字典属于映射类型的数据结构，描述的是键和值的映射关系。字典中每个元素都有相应的键，元素的值就是键所对应的值，键和值共同构成一个映射关系。需要注意的是，字典中的键必须使用不可变的数据类型对象，如数字、字符串、元组等，且键是不允许重复的，而值则可以是任意类型的，且在字典中可以重复。

4.3.1　创建字典

字典中最关键的信息是含有对应映射关系的键值对，创建字典是需要将键和值按照规定的格式传入特定的符号或函数中，Python 提供了两种创建字典的方法。

1.　使用花括号{}创建字典

使用花括号{}创建字典，只需要将字典中的一系列键值对按照给定的格式传入花括号{}中，键和值之间使用冒号隔开，不同的键值对之间以逗号隔开，即实现字典的创建。具体创建格式如下：

```
dict_name={"key₁":"value₁","key₂":"value₂",…,"keyₙ":"valueₙ"}
```

如果在花括号{}中不传入任何键值对，则会创建一个空字典。如果创建字典时传入相同的键，因为键在字典中不允许重复，所以字典最终会采用最后出现的重复键的键值对。

2.　使用 dict()函数创建字典

创建字典的另外一种方法就是使用 dict()函数，Python 中 dict()函数的作用实质上是将包含双值子序列的迭代序列对象转换为字典类型，其中双值子序列中的第 1 个元素作为字典的键，第 2 个元素作为对应的值，即双值子序列中包含了键值对信息。需要注意的是，使用 dict()函数创建字典的过程中，必须通过"="将键和值隔开，且该创建方式不允许键重复，否则会返回错误。具体格式如下：

```
dict_name=dict(key₁=value₁,key₂=value₂,…,keyₙ=valueₙ)
```

如果使用 dict()函数创建字典时不传入任何内容，就可以创建一个空的字典对象。

4.3.2　提取字典元素

与序列数据不同，字典作为映射类型的数据结构，并没有索引的概念，字典中只有键和值对应起来的映射关系，因此字典元素的提取主要是利用这种映射关系来实现。若要获取字典中的某个值，可以通过在字典对象后紧跟包含键的方括号[]来提取相应的值，具体使用格式为 dict[key]。同时需要注意的是，传入的键在字典中必须存在，否则会返回一个错误代码。

【任务 4-10】创建一个字典对象，并利用键访问字典中的元素。

```
1.   info={"id":"1005","name":"张大晴","sex":"female"}
2.   print("姓名为:",info["name"])
3.   print("地址为:",info["address"])
```

代码说明：

第 1 行代码——创建了一个包含 3 个键值对的字典对象 info。

第 2～3 行代码——使用"字典名称["键"]"方式访问字典中键名为 name 和 address 所对应的元素。由于 address 键不存在，因此在程序运行过程中会发生错误。

运行程序，其输出结果如下：

```
姓名为: 张大晴
    print("地址为:",info["address"])
KeyError: 'address'
```

上述程序的运行出现了错误，主要原因是使用了不存在的键访问字典中的元素。如果想获取某个键对应的值，但又不确定字典中是否存在这个键，可以通过 get()函数获取。其基本的函数格式如下：

```
dict_name.get("key","defaultValue")
```

在使用 get()函数若只传入键，当键存在于字典中时，函数会返回对应的值；当键不存在时，函数会返回 None，在屏幕上什么都不显示。使用 get()函数也可以传入替代值，当键存在时，返回对应值；当键不存在时，返回这个传入的替代值，而不是 None。

【任务 4-11】创建一个字典对象，使用 get()函数访问字典中的元素。

```
1.   info={"id":"1005","name":"张大晴","sex":"female"}
2.   print("姓名为:",info.get("name"))
3.   print("地址为:",info.get("address","苏州园区"))
```

代码说明：

第 1 行代码——创建了一个包含 3 个键值对的字典对象 info。

第 2 行代码——使用 get()函数获取字典中键名为 name 的值。

第 3 行代码——使用 get()函数获取字典中键名为 address 的值，当 address 键不存在时，返回字符串"苏州园区"。

运行程序，其输出结果如下：

```
姓名为：张大晴
地址为：苏州园区
```

4.3.3　添加字典元素

可以直接利用键访问赋值的方式，向字典中添加一个元素，若需要添加多个元素，可以使用 update()函数将两个字典内容合并。接下来将介绍这两种元素添加的方法。

1.　使用键访问赋值添加

利用字典元素提取方法传入一个新的键，并对这个键进行赋值操作，字典中就会产生新的键值对。其基本格式如下：

```
dict_name[new_key]=new_value
```

在上述格式中，如果在字典中 new_key 键不存在，则将新的键值对添加到字典中；如果该键在字典中存在，则将该键所对应的元素值修改为 new_value。

【任务 4-12】定义一个字典，使用键访问赋值添加的方式添加一个新的元素。

```
1.  coutries={"China":"BeiJing","Japan":"Tokyo","Russia":"Moscow"}
2.  coutries["France"]="Paris"
3.  print(coutries)
```

代码说明：

第 1 行代码——定义一个包含 3 个键值对的字典。

第 2 行代码——使用键访问赋值添加的方式向字典中添加一个新的元素。

第 3 行代码——输出添加后的字典。

运行程序，其输出结果如下：

```
{'China': 'BeiJing', 'Japan': 'Tokyo', 'Russia': 'Moscow', 'France':
'Paris'}
```

2. 使用 update()函数合并字典

update()函数能将两个字典中的键值对进行合并，被复制的字典中的键值对会被添加到调用函数的字典对象中。若两个字典中存在相同的键，传入字典中的键所对应的值会替换掉调用函数字典对象中的原有值，实现值更新的效果。其基本的函数格式如下：

```
dict_name.update(old_dict)
```

在上述格式中，old_dict 字典会被添加到 dict_name 所对应的字典对象中。

【任务 4-13】定义两个字典，使用 update()函数，将两个字典合并。

```
1.  old_coutries={"China":"BeiJing","Japan":"Tokyo","Russia":"Moscow"}
2.  new_coutries={"America":"Washington ","Germany":"Berlin"}
3.  old_coutries.update(new_coutries)
4.  print("更新后的字典:",old_coutries)
```

代码说明：

第 1~2 行代码——定义两个字典，第 1 个字典包含 3 个键值对，第 2 个字典包含 2 个键值对。

第 3 行代码——使用 update()函数将 new_coutries 字典合并到 old_countries 中。

第 4 行代码——输出更新后的字典。

运行程序，其输出结果如下：

```
{'China': 'BeiJing', 'Japan': 'Tokyo', 'Russia': 'Moscow', 'America':
'Washington ', 'Germany': 'Berlin'}
```

4.3.4　修改字典元素

要修改字典中的值，可依次指定字典名、方括号括起来的键以及该键相关联的新值。其基本格式如下：

```
dict_name["key"]="value"
```

使用该形式时，当指定的键在字典中存在时，则使用新的值更新字典中的元素；当指定的键不存在时，则将该键值对添加到字典中。

【任务 4-14】定义一个字典，修改字典中指定的元素。

```
1.  coutries={"China":"BeiJing","Japan":"Tokyo","Russia":"Moscow"}
2.  coutries["France"]="Paris"
3.  coutries["Japan"]="Osaka"
4.  print(coutries)
```

代码说明：

第 1 行代码——定义一个包含 3 个键值对的字典。

第 2 行代码——由于字典中不存在 France 键，则将该键值对添加到字典中。

第 3 行代码——由于字典中存在 Japan 键，则更新该键的值为 Osaka。

第 4 行代码——输出更新后的字典。

运行程序，其输出结果如下：

```
{'China': 'BeiJing', 'Japan': 'Osaka', 'Russia': 'Moscow', 'France':
'Paris'}
```

4.3.5　删除字典元素

对于字典中不再需要的键值对信息，Python 提供了 3 种删除的方式，分别是 del 语句、pop()函数以及 clear()函数。

1.　使用 del 语句删除字典元素

使用 del 语句时，必须指定字典名和要删除的键，具体格式如下：

```
del dict_name["key"]
```

【任务 4-15】定义一个字典，使用 del 语句删除指定的键。

```
1.  coutries={"China":"BeiJing","Japan":"Tokyo","Russia":"Moscow"}
2.  del coutries["Japan"]
3.  print(coutries)
```

代码说明：

第 1 行代码——定义一个包含 3 个键值对的字典。

第 2 行代码——使用 del 语句删除键名为 Japan 的元素。

第 3 行代码——输出删除后的字典。

运行程序，其输出结果如下：

```
{'China': 'BeiJing', 'Russia': 'Moscow'}
```

2.　使用 pop()函数删除字典元素

向 pop()函数传入需要删除的键，则会返回对应的值，并在字典中移除相对应的键值对。具体格式如下：

```
dict_name.pop('key')
```

【任务 4-16】定义一个字典，使用 pop()函数删除指定的键。

```
1.  coutries={"China":"BeiJing","Japan":"Tokyo","Russia":"Moscow"}
2.  caption=coutries.pop("Japan")
3.  print("删除的值:",caption)
4.  print("删除后的字典",coutries)
```

代码说明：

第 1 行代码——定义一个包含 3 个键值对的字典。

第 2 行代码——使用 pop()函数删除字典中键名为 Japan 的元素，并返回对应键的值。

第 3~4 行代码——输出删除的值和删除后的字典。

运行程序，其输出结果如下：

```
删除的值: Tokyo
删除后的字典 {'China': 'BeiJing', 'Russia': 'Moscow'}
```

3. 使用 clear()函数删除字典元素

当需要清空字典中所有的元素时，可以使用 clear()函数。该函数会清空字典中所有的元素，并返回一个空字典。

【任务 4-17】创建一个字典，使用 clear()函数清空字典中的所有元素。

```
1.  coutries={"China":"BeiJing","Japan":"Tokyo","Russia":"Moscow"}
2.  coutries.clear()
3.  print(coutries)
```

代码说明：

第 1 行代码——创建一个包含 3 个键值对的字典。

第 2 行代码——使用 clear()函数清空字典中所有元素。

第 3 行代码——输出清空后的字典。

运行程序，其输出结果如下：

```
{}
```

4.3.6　获取字典视图

在实际的应用中，往往需要获得所有的键或值的集合。Python 提供了 3 种可以提取键值信息的函数，如表 4-3 所示。

表 4-3 提取键值信息的相关函数

函　　　数	说　　　明
dict_name.keys( )	用于获取字典中所有的键
dict_name.values( )	用于获取字典中所有的值
dict_name.items()	用于获取字典中所有的键值对

上述 3 种形式所返回的结果是字典中的键、值或键值对的迭代形式，都可以通过 list() 函数将返回结果转换为列表类型，并通过循环输出列表中的每个元素。

【任务 4-18】定义一个字典，并迭代字典中的所有元素。

```
1.  coutries={"China":"BeiJing","Japan":"Tokyo","Russia":"Moscow"}
2.  print("key 的集合:",coutries.keys())
3.  print("value 的集合:",coutries.values())
4.  for key,value in coutries.items():
5.      print("key=%s,value=%s"%(key,value))
```

代码说明：

第 1 行代码——创建一个含有 3 个键值对的字典。

第 2 行代码——输出字典中所有的键，并转换成列表形式。

第 3 行代码——输出字典中所有的值，并转换成列表形式。

第 4～5 行代码——遍历字典中所有的键值对，并输出打印。

运行程序，其输出结果如下：

```
key 的集合: dict_keys(['China', 'Japan', 'Russia'])
value 的集合: dict_values(['BeiJing', 'Tokyo', 'Moscow'])
key=China,value=BeiJing
key=Japan,value=Tokyo
key=Russia,value=Moscow
```

4.4　实　践　应　用

4.4.1　商家菜单查询

1. 项目介绍

将商家菜单信息进行分类存储，通过"请选择需要进行操作的数字，查询主食类请输入 1，查询甜点类请输入 2，查询饮料类请输入 3，退出请输入 0"提示用户输入数字，并在用户输入数字后显示相应的食物菜单，若输入 0，则返回字符串"谢谢您的使用!"。

各类食物的菜单如表 4-4 所示。

表 4-4　食物菜单

主 食 类	甜 点 类	饮 料 类
鸡腿汉堡	薯条	可口可乐
牛肉汉堡	香甜玉米棒	经典咖啡
香辣鸡蛋堡	冰淇淋	清新凉雪碧

2. 学习目标

（1）掌握元组的定义方法。

（2）掌握元组索引的使用。

（3）掌握应用领域程序的设计思路。

3. 项目解析

首先定义 3 个元组，然后使用 input()函数打印提示信息，并获得用户从控制台输入的数字，根据用户输入的数字，使用索引访问相应的元组。

4. 代码清单

本项目的代码清单如下：

```
1.  main_food=('鸡腿汉堡','牛肉汉堡','香辣鸡蛋堡')
2.  sweet_food=('薯条','香甜玉米棒','冰淇淋')
3.  drink_food=('可口可乐','经典咖啡','清新凉雪碧')
4.  stateCode =int(input("请选择需要进行操作的数字,查询主食类请输入1,\n查询甜
    点类请输入2,\n查询饮料类请输入3,\n退出请输入0\n"))
5.  if stateCode==1:
6.      print(main_food[0]+"\n"+main_food[1]+"\n"+main_food[2])
7.  elif stateCode==2:
8.      print(sweet_food[0]+"\n"+sweet_food[1]+"\n"+sweet_food[2])
9.  elif stateCode==3:
10.     print(drink_food[0]+"\n"+drink_food[1]+"\n"+drink_food[2])
11. elif stateCode==0:
12.     print("谢谢您的使用！")
```

代码说明：

第 1～3 行代码——分别定义 3 个元组，存储对应的菜单信息。

第 4 行代码——输出提示信息，并获得用户从控制台输入的数字，将数字转换为整型。

第 5～12 行代码——利用多分支结构，根据用户输入的数字，输出相应的元组。当输

入的数字是 0 时，打印"谢谢您的使用！"。

运行程序，其主界面信息如下：

```
请选择需要进行操作的数字，查询主食类请输入 1，
查询甜点类请输入 2，
查询饮料类请输入 3，
退出请输入 0
```

4.4.2　简易购物车

1. 项目介绍

创建一个购物车管理系统，当程序启动后，让用户输入工资，然后打印商品列表；用户根据商品编号购买商品，当用户选择商品后，检测余额是否足够，如果够就直接扣款，否则打印"余额不足！"的信息。当用户按下 Q 键时，直接退出程序，并打印已购买商品和余额。

商品库中的商品列表如表 4-5 所示：

表 4-5　商品列表

商 品 编 号	商 品 名 称	商 品 价 格
0	Iphone	5699
1	Mac Pro	12999
2	Watch	4999
3	Coffee	16
4	Pen	98
5	Notebook	18

2. 学习目标

（1）掌握列表的创建方法。
（2）掌握在列表中添加元组及遍历列表的方法。
（3）根据场景熟练使用列表的相关方法。

3. 项目解析

首先创建一个包含所有商品信息的商品库，当程序启动时，要求用户输入工资，并打印所有商品库中的信息；当用户输入商品编号后，判断当前工资是否大于商品价格，当满

足条件时，输出用户购买的商品信息，否则输出"余额不足！"的信息。当用户按下 Q 键时，退出当前系统。

4. 代码清单

本项目的代码清单如下：

```
1.   products=[
         ('Iphone',5699),
         ('Mac Pro', 12999),
         ('Watch', 4999),
         ('Coffee', 16),
         ('Pen', 98),
         ('Notebook', 18),
     ]
2.   shopping_list=[]
3.   salary=input("请输入您的工资：")
4.   if salary.isdigit() :
5.       salary=int(salary)
6.       while True:
7.           for index,item in enumerate(products):
8.               print(index,item)
9.           option=input("请选择您要购买的商品编号：")
10.          if option.isdigit():
11.              option=int(option)
12.              if 0<=option<len(products):
13.                  option_product=products[option]
14.                  if option_product[1]<=salary :
15.                      shopping_list.append(option_product)
16.                      salary-=option_product[1]
17.                      print("您选择的%s 已加入购物车，您的余额为\%s" %
     (option_product,salary))
18.                  else:
19.                      print("您的当前余额为%s，余额不足！" % salary)
20.              else:
21.                  print("抱歉，您选择的商品不存在！")
22.          elif option=='q':
23.              print("------------shopping list------------")
```

```
24.          for p in shopping_list:
25.              print(p)
26.          print("您的余额为:%s" % salary)
27.          exit()
28.      else:
29.          print("您的选择不合法！")
30. else:
31.    print("您的工资输入不正确！")
```

代码说明：

第 1 行代码——声明包含商品库信息的列表，该列表中有 6 个元组，分别对应商品名称及价格。

第 2 行代码——声明购物车列表。

第 3 行代码——获得用户输入的工资信息。

第 7～8 行代码——遍历输出商品信息库中的每件商品。

第 10～21 行代码——根据输入的工资，判断是否能满足购买某件商品。若满足，则加入购物车，否则输出"余额不足！"的信息。

第 22～30 行代码——当用户按下 Q 键时，则循环输出购物车中的每一件商品并输出余额。

运行程序，其主界面信息如下：

```
请输入您的工资：10000
0 ('Iphone', 5699)
1 ('Mac Pro', 12999)
2 ('Watch', 4999)
3 ('Coffee', 16)
4 ('Pen', 98)
5 ('Notebook', 18)
请选择您要购买的商品编号：
```

4.5 本章小结

本章主要讲解了 Python 的列表、元组与字典 3 种数据结构。列表是一种有序的数据结构，可以在列表中添加、修改、删除元素以及遍历其中的每一个元素。元组是一种不可改变的数据结构，但可以通过索引提取元组中的每一个元素，也可以连接两个元组生成新元组。字典反映的是键值对之间的映射关系，程序可以向字典中添加元素、修改字典中的元素以及删除和遍历字典中的元素。

本 章 习 题

一、选择题

1. 以下关于列表的叙述,错误的是（　　　）。

A. 列表是一个有序数据项组成的集合

B. 列表中的数据元素可以是任意的数据类型

C. 列表中数据元素的访问索引从 0 开始

D. 使用列表时,其下标可以是负数

2. 对于列表对象 names=['Tony','Iris','Tom','Mike','David'],下述函数使用正确的是（　　　）。

A. names.append('Helen','Mary')　　　　B. names.remove(1)

C. names.index('Jack')　　　　　　　　 D. names[2]='Jack'

3. 下列属于删除列表对象最后一个元素的函数是（　　　）。

A. del()　　　　　　　　　　　　　　　B. pop()

C. remove()　　　　　　　　　　　　　 D. delete()

4. 以下（　　　）方式不能向列表中插入元素。

A. insert()　　　　　　　　　　　　　　B. append()

C. extend()　　　　　　　　　　　　　 D. pop()

5. 以下关于元组的叙述,错误的是（　　　）。

A. 与列表相同,元组中的数据元素可修改

B. 使用圆括号创建元组,元组的数据元素之间用分号隔开

C. 访问元组中的数据元素可以使用索引

D. 虽然元组中的数据元素不能修改,但是可以连接两个元组

6. 以下关于元组的操作,合法的是（　　　）。

A. Tuple.extend(otherTuple)　　　　　　B. Tuple[0]='A'

C. Tuple.sort()　　　　　　　　　　　　D. Tuple1+Tuple2

7. Python 语句 print(type[])的执行结果是（　　　）。

A. <class 'tuple'>　　　　　　　　　　　B. <class 'list'>

C. <class 'dict'>　　　　　　　　　　　 D. 以上都不是

8. Python 语句 print(type{})的执行结果是（　　　）。

A. <class 'tuple'>　　　　　　　　　　　B. <class 'list'>

C. <class 'dict'>　　　　　　　　　　　 D. 以上都不是

9. 以下创建字典的形式正确的是（　　　）。

A. a={'a':1, b:2, c:3}　　　　　　　　B. a={'a',1: b,2: c:3}

C. a={'a',1, b,2, c,3}　　　　　　　　D. a=[a',1: b,2: c:3]

10. 以下关于字典的叙述，错误的是（　　　）。

A. 字典是键值对组成的序列

B. 字典的键可以是列表

C. 字典的键可以是元组

D. 字典中的键可以是字符串

二、填空题

1. 在 Python 中，创建列表使用＿＿＿＿＿＿括号。

2. 在 Python 中，创建元组使用＿＿＿＿＿＿括号。

3. 在列表、元组和字典 3 种数据结构中，＿＿＿＿＿＿属于映射类型的数据结构。

4. 如果要从小到大排列列表中的元素，可以使用＿＿＿＿＿＿函数实现。

5. 用于删除列表中最后一个元素的函数是＿＿＿＿＿＿。

三、判断题

1. 列表元素的索引从 1 开始。（　　　）

2. 可以使用 extend()函数将一个列表插入另外一个列表中。（　　　）

3. 可以使用下标修改元组中的数据元素。（　　　）

4. 字典对象是键值对组成的序列。（　　　）

5. 字典对象的值只能是字符串。（　　　）

四、程序分析题

1. 分析以下程序，输出结果为＿＿＿＿＿＿。

```
list1={2,3,4}
list2=list1
list2[1]=5
print(list1)
```

2. 分析以下程序，输出结果为＿＿＿＿＿＿。

```
tuple1=('A','B','C')
print(tuple1[1])
```

3．分析以下程序，输出结果为＿＿＿＿＿＿＿＿。

```
dict1={1:'a',2:'b',3:'c'}
del[1]
del[1]='x'
del[2]
print(d)
```

4．分析以下程序，输出结果为＿＿＿＿＿＿＿＿。

```
dict_item={}
    def add_item(item):
        if item in dict_item:
            dict_item[item]+=1
        else:
            dict_item[item]=1
    add_item('Apple')
add_item('Pear')
add_item('apple')
add_item('Pear')
print(dict_item)
```

5．分析以下程序，输出结果为＿＿＿＿＿＿＿＿。

```
dict_one={'a':1,'b':2}
    dict_two=dict_one
    dict_one['a']=6
    sum= dict_one['a']+dict_two['a']
    print(sum)
```

五、简答题

1．简述向列表中插入元素的 3 种方式。

2．简述元组的特性。

3．简述字典数据结构的特性。

4．简述元组、列表和字典的区别。

5．简述字典中如何获取键的视图、值的视图以及键值对的视图。

六、程序设计题

1．定义两个 3×3 矩阵，将两个矩阵对应元素求和并输出。

2．创建 Mondy～Sunday 七个值组成的字典，键分别为 1～7。编写程序分别输出键列表、值列表以及键值对列表。

3. 给定有关生日信息的字典{'小明': '4 月 1 日', '小红': '1 月 2 日', '老王': '4 月 1 日'}，查询出小明的生日并修改为"5 月 1 日"，同时将老王的生日信息删除，增加小王的生日信息为"10 月 1 日"。

4. 已知一个列表存储了若干个整型元素，编写程序，输出列表中所有的素数。

5. 已知一个字典存储了若干个员工信息（姓名、性别和年龄），编写程序，输出字典中性别为女的员工信息。

6. 已知列表中存储了若干个数字元素，编写程序，将列表中的数字元素按照从小到大的顺序排列。

第 5 章　Python 函数

1. 知识图谱

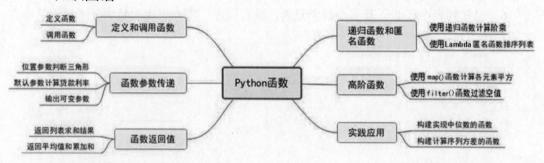

2. 学习目标

（1）熟悉函数的定义与调用方式。
（2）掌握形参和实参参数值传递的方式。
（3）理解函数的返回值。
（4）掌握递归函数和匿名函数的使用方法。
（5）熟悉 Python 提供的常用高阶函数。

5.1　定义和调用函数

5.1.1　定义函数

　　函数是为了使代码执行效率优化、减少冗余而提供的最基本的程序结构。在实际的开发过程中，同一段代码执行逻辑可能会被重复使用，如果程序由一段段冗余的程序控制语句组成，则代码的可读性会变得很差，解决方法是将重复的代码执行逻辑封装起来形成函数，在使用的时候直接调用，从而实现代码的重用性。

　　函数实现了对整段程序逻辑的封装，通过函数可以将某个功能的整段代码从程序执行流程中隔离出来。在实际开发过程中，如果有若干段代码执行的逻辑完全相同，那么可以考虑将这些代码抽取成一个函数。Python 提供了函数定义的功能，使用关键字 def 定义函数，其后紧接函数名，括号内包含要在函数体中使用的形式参数，定义函数语句以冒号结束，函数体编写另起一行，函数体的缩进为 4 个空格或者一个制表符。函数定义的基本形式如下：

```
def 函数名(参数列表):
    函数体
    return 表达式
```

需要注意的是，函数名是一种标识符，命名规则为全小写，可以使用下画线增加可阅读性，例如 show_info。参数列表用圆括号括起来，各个参数使用逗号隔开，表示传递给函数的值或变量引用，当没有参数时，形参列表为空。函数体是函数执行的代码块。

函数可以有返回值，也可以没有返回值，如果函数体中包含 return 语句，则返回；否则不返回，即返回值为空。

5.1.2　调用函数

函数定义完成之后，就相当于拥有一段具有某种功能的代码块，要想让这些代码块能够执行，则需要调用该函数。函数调用的基本形式如下：

```
函数名(实参列表)
```

在函数调用时，根据需要传入实际的参数值。

【任务 5-1】定义一个函数，从控制台输入 3 个数，比较这 3 个数的大小，并输出最大的一个数。

```
1.  def max_number(a,b,c):
2.      max=a
3.      if(max<b):
4.          max=b
5.      if(max<c):
6.          max=c
7.      return max
8.  number1 =int(input("请输入第 1 个数:"))
9.  number2 =int(input("请输入第 2 个数:"))
10. number3 = int(input("请输入第 3 个数:"))
11. result = max_number(number1,number2,number3)
12. print("最大的值为:",result)
```

代码说明：

第 1 行代码——定义一个函数，函数名为 max_number，该函数有 3 个参数。

第 2～7 行代码——将 a 的值设置为最大值，比较最大值与 b、c 的大小，将最大值赋给 max，并返回。

第 8～10 行代码——从控制台输入 3 个数，并转换为整型。

第 11～12 行代码——调用函数，获得最大值，并输出打印。

运行程序，其输出结果如下：

```
请输入第 1 个数:12
请输入第 2 个数:34
请输入第 3 个数:56
最大的值为: 56
```

5.2　函数参数传递

在声明函数时的参数称为形式参数，简称形参。在调用时需要提供实际的参数值，即实际参数，简称实参。函数的声明可以包含一个形参列表，而函数调用时则通过传递实参列表，以允许函数体中的代码引用这些参数变量，参数的值默认是按位置顺序依次传递给形式参数，如果参数个数不对，会产生错误。其参数传递过程如下：

```
def multipy(a,b):
    c=a*b
    return c
result=multipy (9,4)
print(result)
```

在上述代码中，定义了能接收两个参数的函数，其中 a 为第 1 个参数，用于接收函数传递过来的第 1 个值；b 为第 2 个参数，用于接收函数传递的过来的第 2 个值。当调用 multipy (9,4)时，提供了两个实参值，分别将数值 9 赋给 a，数值 4 赋给 b，从而完成从实参到形参值的传递，如图 5-1 所示。

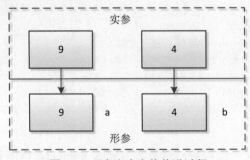

图 5-1　形参和实参值传递过程

Python 中参数传递的方式有 3 种，分别是位置参数、默认参数和可变参数。

5.2.1　位置参数判断三角形

按函数中的参数位置顺序传递的参数称为位置参数。函数调用时，实参的第 1 个值赋给形参的第 1 个，实参的第 2 个值赋给形参的第 2 个，以此类推。需要注意的是，实参和形参对应的参数类型应匹配或可以进行自动类型转换。

【任务 5-2】定义一个函数，输入三角形三条边的长度，判断此三角形是普通三角形、直角三角形、等腰三角形、等边三角形还是不能组成三角形。

```
1.  def triangle(a,b,c):
2.     if(a+b>c and a+c>b and b+c>a):
3.         print('组成三角形' ,a,b,c)
4.         if(a==b==c):
5.             print("等边三角形")
6.         elif (a == b or a == c or b == c):
7.             print("等腰三角形")
8.         elif(a**2+b**2==c**2 or a**2+c**2==b**2 or c**2+b**2==a**2):
9.             print("直角三角形")
10.        else:
11.            print("普通三角形")
12.     else:
13.         print("不能组成三角形")
14. if __name__=="__main__":
15.     print("请输入三角形的 3 条边:")
16.     x=int(input("请输入第 1 条边:"))
17.     y=int(input("请输入第 2 条边:"))
18.     z=int(input("请输入第 3 条边:"))
19.     triangle(x,y,z)
```

代码说明：

第 1 行代码——定义一个函数，函数名为 triangle()，该函数接收 3 个参数，分别是 a、b 与 c。

第 2～3 行代码——判断是否组成三角形。如果三角形中任意两条边的和大于第三条边，则可以组成三角形。

第 4～13 行代码——如果组成三角形，则判断三角形的形状，即是普通三角形、直角三角形、等腰三角形、等边三角形还是不能组成三角形。

第 14 行代码——main 函数，程序执行的起点。当程序运行时，main 函数是程序执行和调用的入口。

第 15～18 行代码——从控制台输入 3 个数，分别赋给 x、y 以及 z。

第 19 行代码——调用函数，将实参的值传递给形参，实现 x、y、z 的值分别赋给 a、b 和 c。

```
请输入三角形的 3 条边：
请输入第 1 条边：3
请输入第 2 条边：4
请输入第 3 条边：5
组成三角形 3 4 5
直角三角形
```

5.2.2　默认参数计算贷款利率

定义函数时，可以给函数的参数设置默认值，这样的参数被称为默认参数。在调用函数时，由于默认参数在定义时已经赋值，所以可以直接被忽略，而其他参数是必须要传入值的。如果默认参数没有被传入值，则会使用默认值；如果默认参数传入了值，则使用传入的值。

【任务 5-3】定义一个计算利息的函数，根据贷款金额、贷款天数和年利率输出实际支付利息（结果保留两位小数）。其中，贷款天数默认为 30，年化利率默认为 0.06。

```
1.  def calculate _rate(money, day=30,rate=0.06):
2.      pay=money*rate*day/365
3.      return pay
4.  pay = calculate _rate (100000,200)
5.  print("借款 100000 元，200 天需要支付利息为:%.2f 元"%pay)
```

代码说明：

第 1 行代码——定义一个函数，函数名为 calculate _rate，该函数有 3 个参数，其中第 2 和第 3 个参数含有默认值。

第 2 行代码——计算指定的贷款金额所需要产生的利息。

第 3 行代码——return 语句返回需要支付的利息。

第 4～5 行代码——传入实参值，调用函数，获得计算结果。

运行程序，其输出结果如下：

```
借款 100000 元，200 天需要支付利息为 3287.67 元
```

对于开发者而言，设置默认参数能让他们更好地控制程序执行结构。如果提供了默认参数，那么开发者可以设置他们期望的最好的默认值，而对于用户而言，也能避免初次使用便遇到一大堆参数设置的窘境。

5.2.3　输出可变参数

一般情况下，在定义函数时需要指定参数的个数，参数的个数表示了函数可调用参数的上限。但有时在定义函数时无法准确获知参数的个数，此时可以使用 Python 提供的*args 和**kwargs 定义可变参数，其基本语法格式如下：

```
def 函数名(参数列表,*args,**kwargs):
    函数体
    return 表达式
```

上述函数一共定义了 3 个参数，其中参数列表为确定参数，当调用函数时，函数传入的参数的个数会优先匹配参数列表中参数的个数。*args 和**kwargs 为可变参数，如果函数调用时实际传入参数的个数和参数列表中参数的个数相等，则可变参数会返回空的元组和字典；如果传入参数的个数比参数列表中的参数的个数多，可以分为两种情况：

（1）如果传入的参数没有指定名称，那么*args 会以元组的形式存放这些多余的参数。

（2）如果传入的参数指定了名称，那么**kwargs 会以字典的形式存放这些被命名的参数，如{"username":"Tony"}。

【任务 5-4】定义一个元组和字典，设计一个包含可变参数的函数，当发生函数调用时显示各个参数的值。

```
1.  def show_info(a,*args,**kwargs):
2.      print("a=%s" %a)
3.      print("args:")
4.      for each in args:
5.          print(each)
6.      print("kwargs:")
7.      for each in kwargs:
8.          print(each)
9.  A=[22,33,44]
10. B={"name":"wang han","age":33,"gender":"boy","job":"Manager"}
11. show_info(1,*A,**B)
```

代码说明：

第 1 行代码——定义一个函数，函数名为 show_info，该函数有 1 个确定参数，2 个可变参数。

第 4～5 行代码——如果 args 可变参数元组存在，则循环显示元组中的各个元素。

第 7～8 行代码——如果 kwargs 可变参数字典存在，则循环显字典中的键值对。

第 9～11 行代码——定义元组和字典。在调用时，使用*A 和**B 将 A 和 B 拆包，分别拆分成列表和字典。

运行程序，其输出结果如下：

```
a=1
args:
22
33
44
kwargs:
name
age
gender
job
```

5.3　函数返回值

5.3.1　返回列表求和结果

在 Python 中用 def 创建函数时，可以用 return 语句指定应该返回的值，该值将返回到函数调用位置，可以是任意类型。需要注意的是，return 语句在同一函数中可以出现多次，但只能执行一次，执行 return 语句后，return 后面的内容将不再执行。如果一个函数没有设置返回值，使用变量接收时结果为 None。在函数中，return 语句的语法格式如下：

```
return [返回值]
```

其中，返回值参数可以指定，也可以省略不写（不写将返回空值 None）。

【任务 5-5】编写一个函数，计算 1～*n* 的累加和，并将结果返回给调用者，其中 *n* 从键盘输入。

```
1.  def sum_total(number):
2.      result =0;
3.      i=1
4.      while i<=number:
5.          result+=i
6.          i+=1
7.      return result
8.  if __name__=="__main__":
9.      number = int(input("请输入需要累加的数 n:"))
10.     result = sum_total (number)
11.     print("1+2+…+%d 的和为:%d"%(number,result))
```

代码说明：

第 1 行代码——定义一个函数，函数名为 sum_total，该函数接收一个参数。

第 2～3 行代码——定义初始变量 result 和 i，分别赋值为 0 和 1。

第 4～6 行代码——在 while 循环中计算 1 到 number 的累加和。

第 7 行代码——使用 return 语句将计算结果返回。

第 9 行代码——从控制台输入需要求和的数。

第 10 行代码——调用 sum_total ()函数，将实参的值传递给形参，获得计算结果。

第 11 行代码——输出打印计算结果。

运行程序，其结果如下：

```
请输入需要累加的数 n:100
1+2+…+100 的和为:5050
```

5.3.2　返回平均值和累加和

如果程序需要有多个返回值，则既可将多个值包装成列表之后返回，也可直接返回多个值。如果 Python 函数直接返回多个值，返回的每个值之间用逗号隔开。return 语句返回多个值的格式如下：

```
return  [返回值 1,返回值 2,…,返回值 n]
```

上述格式返回多个值，Python 会自动将多个返回值封装成元组。

【任务 5-6】定义一个函数，求传入的列表数据的和与平均值，并将这两个值返回。

```python
1.  def sum_and_avg(list):
2.      sum = 0
3.      count = 0
4.      for item in list:
5.          if isinstance(item, int) or isinstance(item, float):
6.              count += 1
7.              sum += item
8.      return sum, sum / count
9.  if __name__=="__main__":
10.     my_list = [32, 23, 5.6, 'a', 11, 6.3, -1.8]
11.     sum,avg = sum_and_avg(my_list)
12.     print("求和的值为:%.2f,均值为:%.2f"%(sum,avg))
```

代码说明：

第 1 行代码——定义一个函数，函数名为 sum_and_avg，该函数接收一个列表类型的参数。

第 2～3 行代码——初始化变量 sum 与 count，分别表示计算的和与列表中元素的个数。

第 4～7 行代码——遍历列表中的每个元素，将每轮遍历后的值赋给 item，判断是否是 int 或 float 类型，如果是则将 count+1，并将求和结果保存在 sum 中。

第 8 行代码——遍历完成后，返回求和的结果与平均值，该值以元组的形式返回。

第 9 行代码——main 函数，程序执行的起点。

第 10 行代码——定义包含 7 个元素的列表，该列表中包含 1 个字符和 6 个数字。

第 11～12 行代码——调用函数，获得函数计算的结果，并输出。

运行程序，其结果如下：

```
求和的值为:76.10,均值为:12.68
```

5.4　递归函数与匿名函数

5.4.1　使用递归函数计算阶乘

递归函数也称为自调用函数，可以在函数体内部直接或间接地调用自己，即函数的嵌套调用的是函数本身。需要注意的是函数不能无限地递归，否则会耗尽内存。在一般的递归函数中，需要设置终止条件。在 Python 的 sys 模块中，有两个函数分别用来获取和设置最大递归次数，具体如下：

```
import sys
sys.getrecursionlimit()          #获取最大递归次数，一般值为 1000
sys.setrecursionlimit(100)       #设置最大递归次数为 100
```

【任务 5-7】编写一个递归函数，实现 $n!=1×2×3\cdots×n$，其中 n 的值从控制台输入。

```
1.  def factorial (n):
2.      if n == 1:
3.          result =1
4.      else:
5.          result= n*factorial (n-1)
6.      return result
7.  if __name__=="__main__":
8.      n = int(input("请输入一个正整数:"))
9.      result = factorial (n)
10.     print("1*2*…%d 的成绩为:%d"%(n,result))
```

代码说明：

第 1 行代码——定义一个函数，函数名为 factorial，该函数接收一个形参 n。

第 2～3 行代码——判断如果 n=1，则不需要调用递归函数，直接返回。

第 4～5 行代码——如果 n>1，则直接调用递归，实现阶乘。

第 8 行代码——获取控制台输入的数字，并将该数字转换为整型。

第 9 行代码——调用函数，实现阶乘。

第 10 行代码——输出计算结果。

运行程序，运算结果如下：

```
请输入一个正整数:5
1*2*…5 的成绩为:120
```

上述程序的运行过程如图 5-2 所示。

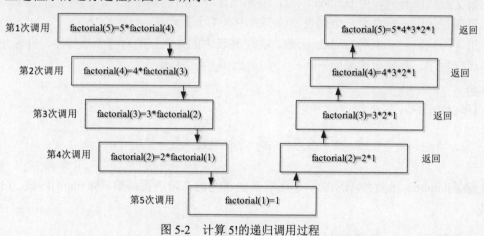

图 5-2　计算 5!的递归调用过程

5.4.2　使用 lambda 匿名函数排序列表

所谓匿名函数，就是没有函数名的函数。Python 允许使用 lambda 关键字创建匿名函数，其声明形式如下：

```
lambda [arg1,arg2,…,argn]:<expression>
```

在 lambda 语句中，冒号前的 arg1,arg2,…,argn 是函数参数，若有多个参数须使用逗号分隔。冒号后的表达式为函数的语句，其结果为函数的返回值。对于 lambda 语句，应该注意以下 4 点：

- ❑　lambda 定义的是单行函数，如果需要复杂的函数，应使用 def。
- ❑　lambda 语句可以包含多个参数。
- ❑　lambda 语句有且只有一个返回值。
- ❑　lambda 语句中的表达式不能含有命令，且仅限一条表达式，这是为了避免匿名函数的滥用，过于复杂的匿名函数反而不易于解读。

【任务 5-8】使用 lambda 函数实现列表的排序与加法运算。

```
1.　add = lambda x, y: x + y
```

```
2.  print(add(1, 2))
3.  list1 = [3, 5, -4, -1, 0, -2, -6]
4.  print(sorted(list1, key=lambda x: abs(x)))
```

代码说明：

第 1 行代码——定义 lambda 匿名函数，该函数有两个参数 x、y，主要功能实现 x 与 y 的求和运算。

第 2 行代码——调用 lambda 函数，并输出计算后的值。

第 3 行代码——定义一个列表，该列表中有 7 个元素。

第 4 行代码——调用 lambda 函数，实现列表中的元素按绝对值大小排序，并输出。

运行程序，其输出结果如下：

```
3
[0, -1, -2, 3, -4, 5, -6]
```

5.5 高 阶 函 数

除了 lambda 函数外，Python 中还有其他常用的高阶内置函数，如 map()函数、filter() 函数。

5.5.1 使用 map()函数计算各元素平方

map()函数是 Python 提供的内置高阶函数，该函数会根据提供的函数对指定的序列进行映射操作。其基本形式如下：

```
map(func, iterable)
```

在上述格式中，第 1 个参数 func 是函数名，第 2 个参数 iterable 是一个可迭代对象，可以是列表、元组、字典等任意可以迭代的对象。在调用 map()函数时，序列对象中的每个元素，按照从左到右的顺序通过把函数 func 依次作用在序列的每个元素上，得到一个新的迭代器并返回。

【任务 5-9】定义一个序列，使用 map()函数计算序列中各个元素的平方，并将计算结果输出。

```
1.  def square(x) :
2.      return x**2
3.  list=[1,2,3,4,5]
4.  iterable=map(square, list)
5.  for item in iterable:
6.      print(item,end=',')
```

代码说明：

第 1~2 行代码——定义一个函数，函数名为 square，主要功能是计算每个元素的平方。

第 3~4 行代码——定义一个列表，并使用 map()函数将列表中的各个元素应用到 square()函数上，返回一个迭代器。

第 5~6 行代码——访问并输出迭代器中的每一个元素。

运行程序，其输出结果如下：

```
1,4,9,16,25,
```

上述代码的运行过程如图 5-3 所示。

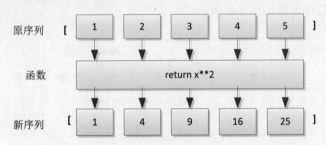

图 5-3　map()函数的运行过程

5.5.2　使用 filter()函数过滤空值

filter()函数是 Python 提供的另一个常用的内置高阶函数，该函数会根据提供的函数对指定的序列进行过滤操作。其基本形式如下：

```
filter(func, iterable)
```

以上定义的格式中，第 1 个参数 func 是函数名，第 2 个参数 iterable 可以是列表、元组、字典等任意可以迭代的对象。filter()函数接收一个函数 func 和一个 iterable，函数 func 的作用是对每个元素进行判断，通过返回 True 或 False 来决定是否过滤掉不符合条件的元素，符合条件的元素组成新的序列。

【任务 5-10】有字符串序列['start', None, '', 'good', '', 'end']，使用 filter()函数过滤掉所有的空串，并输出过滤后的信息。

```
1.  def is_not_empty(s):
2.      return s and len(s.strip()) > 0
3.  list = ['start', None, ' ', 'good', ' ','end']
4.  iterable =filter(is_not_empty, list)
5.  for item in iterable:
6.      print(item,end=',')
```

代码说明：

第 1～2 行代码——定义一个函数，函数名为 is_not_empty，主要功能是判断字符串是否为空，如果为空返回 False，否则返回 True。

第 3～4 行代码——定义一个列表，并使用 filter()函数将列表中的各个元素应用到 is_not_empty()函数上，返回一个迭代器。

第 5～6 行代码——访问并输出迭代器中的每一个元素。

运行程序，其输出结果如下：

```
start,good,end,
```

上述代码的运行过程如图 5-4 所示。

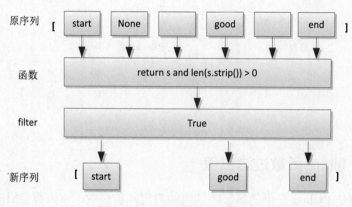

图 5-4　filter()函数的运行过程

5.6　实 践 应 用

5.6.1　构建实现中位数的函数

1.　项目介绍

中位数为常见的统计量之一，是将一个列表的数据按照从小到大的顺序排列，然后提取最中间的那个元素。对于元素个数不同的列表而言，中位数的计算方式分为如下两种：

（1）若列表中元素的个数为奇数，则中位数为排序后列表中间位置的那个数。

（2）若列表中元素的个数为偶数，则中位数为排序后列表中间位置的两个数的均值。

对于数据集 12,34,56,42,21,22,55，经过排列后的序列为 12,21,22,34,42,55,56，中位数为中间位数的元素 34。

2. 学习目标

（1）掌握函数的定义与调用方法。

（2）掌握函数参数的传递方式。

（3）掌握列表常见函数的使用。

3. 项目解析

首先使用 sorted()函数对列表中的元素进行排序，然后利用 size()函数获得列表元素的长度，如果列表中的元素个数为奇数，中位数为列表正中间的那个数，否则中位数为中间位置的两个元素的均值。

4. 代码清单

本项目的代码清单如下：

```
1.  def median(data):
2.      data.sort()
3.      length = len(data)
4.      if (length % 2) == 1:
5.          half = length // 2
6.          result = data[half]
7.      else:
8.          result = (data[length // 2] + data[length // 2 - 1]) / 2
9.      return result
10. list1 = [1,15,3,4,6,9,12,18,36]
11. print(median(list1))
12. list2= [12, 78, 13, 11, 6, 9, 12, 22]
13. print(median(list2))
```

代码说明：

第 1～3 行代码——定义一个函数，使用 sort()函数将列表中的数据按照从小到大的顺序排列，并获得列表中元素的个数。

第 4～6 行代码——如果列表中元素的个数为奇数，则获得最中间的元素。

第 7～10 行代码——如果列表中的元素个数为偶数，则获得最中间两个元素的均值。

第 10～13 行代码——定义列表 list1 和 list2，分别输出中位数。

运行程序，其输出结果如下：

```
9
12.0
```

5.6.2　构建计算序列方差的函数

1. 项目介绍

方差计算的一个推导公式为平方和的均值减去均值的平方，其具体公式如下：

$$S^2 = \frac{x_1^2 + x_2^2 + x_3^2 + \cdots + x_n^2}{n} - M^2$$

2. 学习目标

（1）理解函数的定义及平方和的计算方式。
（2）理解列表均值的求法。
（3）掌握依据求平方和均值计算方差的方法。

3. 项目解析

首先构建平方和均值函数 square_average()；然后构建求均值函数 mean_average()；最后计算方差，方差的计算方式为平方和均值函数的结果减去求均值函数的平方。

4. 代码清单

本项目的代码清单如下：

```
1.  def square_average(data):
2.      sum = 0
3.      for item in data:
4.          sum+=item**2
5.      square_average =sum/len(data)
6.      return square_average

7.  def mean_average(data):
8.      sum = 0
9.      for x in data:
10.         sum += x
11.     avg = sum / len(data)
12.     return avg
13. list =[11,21,34,3,55,89,2]
14. square_average = square_average(list)
15. mean_average=mean_average(list)
16. result =square_average-mean_average**2
17. print("方差的计算结果为%.2f"%result)
```

代码说明：

第 1～6 行代码——定义函数 square_average()，用来计算列表中所有元素平方和的均值。

第 7～12 行代码——定义函数 mean_average()，用来计算列表中所有元素的均值。

第 13～15 行代码——定义列表，分别调用两个函数实现求元素平方和均值与元素均值的计算。

第 16～17 行代码——根据公式计算方差，使用 print() 函数输出计算结果。

运行程序，其输出结果如下：

方差的计算结果为 867.63

5.7　本章小结

本章主要针对函数进行了讲解，包含函数的定义与调用、函数参数的传递、函数的返回值、递归函数与匿名函数，以及 map() 函数和 filter() 函数。函数作为 Python 模块化编程的主要内容，可以有效地提高程序的编写效率，希望读者能够好好地理解和利用这些函数。

本 章 习 题

一、选择题

1. 定义函数时，函数体的正确缩进为（　　）。

A．一个空格　　　　　　　　B．两个制表符

C．4 个空格　　　　　　　　D．4 个制表符

2. 以下关于函数的说法，正确的是（　　）。

A．函数可以减少代码的重复，使得程序更加模块化

B．在不同的函数中，可以使用相同名称的变量，不会发生重复

C．函数名可以是任何有效的 Python 标识符

D．在函数执行结束之后，如果没有 return 语句，也会返回一个 None

3. 在定义函数时，使用的关键字是（　　）。

A．function　　　　　　　　B．func

C．def　　　　　　　　　　D．public

4. 以下对自定义函数 def payMoney(money,day=1,interest_rate=0.05) 调用错误的是（　　）。

　A．payMoney (5000)　　　　　　B．payMoney (5000,3,0.1)

　C．payMoney (day=2,5000,0.05)　D．payMoney (5000 ,rate=0.1,day=7)

5．可变参数*args 传入函数时的存储方式为（　　　）。

　A．元组　　　　　　　　　　　B．列表

　C．字典　　　　　　　　　　　D．数据框

6．可变参数**kwargs 传入函数时的存储方式为（　　　）。

　A．元组　　　　　　　　　　　B．字典

　C．列表　　　　　　　　　　　D．数据框

7．以下关于 lambda 语句的描述错误的是（　　　）。

　A．lambda 语句不允许多行

　B．lambda 语句创建函数不需要命名

　C．lambda 语句解释性良好

　D．lambda 语句可视为对象

8．以下可改变原始变量，而不产生新变量的是（　　　）。

　A．map()函数　　　　　　　　B．filter()函数

　C．sort()函数　　　　　　　　D．sorted()函数

9．以下关于函数的说明，正确的是（　　　）。

　A．函数的定义的位置必须在程序的开头，否则会出现错误

　B．一旦定义函数，程序在运行过程中可以自动的运行

　C．函数的返回值只能有一个或没有，不能有多个

　D．函数必须通过调用才能执行

10．关于函数参数传递过程中，实参和形参的绑定方式是（　　　）。

　A．变量名绑定　　　　　　　　B．关键字绑定

　C．位置绑定　　　　　　　　　D．变量类型绑定

二、填空题

1．定义函数的关键字是＿＿＿＿＿＿。

2．在定义函数过程中，如果函数有多个参数，每个参数之间用＿＿＿＿＿隔开。

3．通过＿＿＿＿＿关键字，可以将函数的执行结果返回给调用者。

4．在函数执行过程中，可以调用自身，该函数称为＿＿＿＿＿函数。

5．匿名函数是没有函数名的函数，Python 允许使用＿＿＿＿语句创建匿名函数。

6．如果 map()函数两个序列的元素个数不一致，那么元素少的序列会以＿＿＿＿对齐。

7．＿＿＿＿＿函数会对传入的序列执行过滤操作。

8. filter()函数的参数类型是_____。

三、程序分析题

1. 分析以下程序，输出结果为_____。

```
def func():
    x=100
x=120
func()
print(x)
```

2. 分析以下程序，输出结果为_____。

```
def func(a,b):
    if(b==0):
      print(b)
    else:
      func(b,a%b)
print(func(9.6))
```

3. 分析以下程序，输出结果为_____。

```
m=map(lambda x:x**2,(1,2,3))
  for item in m:
    print(item)
```

4. 分析以下程序，输出结果为_____。

```
def judge(param1,*param2):
    print(type(param2))
    print(param2)
judge(1,2,3,4,5)
```

四、判断题

1. 函数的定义使用 function 关键字。（　　）
2. 函数名的命名可以使用任意的字符串。（　　）
3. 函数定义完成后，在运行过程中可以自动调用。（　　）
4. 定义不定长参数的函数可以使用*args 和**kwargs 两个参数。（　　）
5. Python 中函数的返回值可以有多个。（　　）
6. 递归函数就是可以在执行过程中调用自身的函数。（　　）

五、简答题

1．Python 如何定义一个函数？

2．什么是 lambda 函数？

3．什么是递归函数？在递归函数使用的过程中，为什么要设置终止条件？

4．简述 map()函数与 filter()函数的运行过程。

六、程序设计题

1．编写程序，利用元组作为函数的返回值，求序列中的最大值、最小值和元素个数，并编写代码测试。

2．编写函数，求 $1!+2!+\cdots+n!$，n 从控制台输入。

3．编写函数，输出并打印杨辉三角。

4．编写函数，利用可变参数求任意个数数值的最小值。

5．编写函数，求两个正整数的最小公倍数。

6．编写函数，将列表中的数据元素按照从大到小的顺序排列。

第 6 章　Python 模块和包

1. 知识图谱

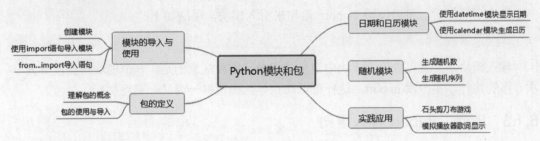

2. 学习目标

（1）理解模块的导入与使用。
（2）掌握包的创建与使用。
（3）熟练应用日期和日历模块。
（4）熟练应用随机模块生成随机数和随机序列。

6.1　模块的导入与使用

在 Python 中，模块对应于源代码文件，可以在模块中定义变量、函数和类。多个功能相似的模块（源文件）可以组织成一个包（文件夹）。通过导入其他模块，可以使用该模块中定义的变量、函数和类，从而实现功能重用。Python 中包含了数量众多的模块，可以实现不同的功能。

6.1.1　创建模块

在 Python 中，一个文件（以.py 为后缀名）简称为一个模块。模块可以被项目中的其他模块、一些脚本甚至是交互式的解析器所引用，从而使用该模块里的函数等功能。

在 Python 中模块分为以下几种：

❏　系统内置模块：如 sys、time、json 模块等。
❏　自定义模块：自定义模块是开发者自己编写的模块，对某段逻辑或某些函数进行封装后供其他函数调用。需要注意的是自定义模块的命名一定不能和系统内置的模块重名，否则将不能再导入系统的内置模块。如自定义了一个 sys.py 模块后，则不能看使用系统的 sys 模块。

❑ 第三方的开源模块：这部分模块可以通过 pip install 进行安装，有开源的代码，下载完成后就可以使用。

6.1.2　使用 import 语句导入模块

模块定义好后，可以使用 import 语句来引入模块，语法如下：

```
import 模块 1[, 模块 2[,… 模块 N]]
```

导入模块后，就可以使用模块中定义的成员。需要注意的是，一个模块只会被导入一次，不管执行了多少次 import，这样可以防止导入模块被一遍又一遍地执行。

6.1.3　from…import 导入语句

import from…import 则是从模块中引入一个指定部分到当前的命名空间中来。

```
from 模块名 成员名 1[, 成员名 2[,… 成员名 N]]
```

把一个模块的所有内容全都导入当前的命名空间也是可行的，只需使用如下声明：

```
from 模块名 import *
```

6.2　包 的 定 义

6.2.1　理解包的概念

包和模块组成 Python 项目的层次组织结构，对应于 Python 的文件夹和文件。创建包，首先需要在指定目录中创建对应包的目录，然后在该目录下生成一个特殊的文件_init_.py，最后在该目录下创建模块文件。

6.2.2　包的使用和导入

使用 import 语句导入包中的模块时，需要指定对应的包名。其基本形式如下：

```
import 包名[,包名,…].模块名　#导入包中的模块
```

其中，包名是模块上层组织包的名称，在导入的过程中，需要注意包名和模块名的小写。

也可以使用 from…import 语句直接导入包中模块的成员，其基本形式如下：

```
from 包名[,包名2,…].模块名 import 成员名    #导入模块中的具体成员
```

6.3　日期和日历模块

6.3.1　使用 datetime 模块显示日期

Python 提供了一个处理时间的标准函数类 datetime，它实现了一系列由简单到复杂的时间处理方法。datetime 类以格林威治时间为基础，每天由 3600×24 秒精准定义，该类中含有两个常量：datetime.MINYEAR 和 datetime.MAXYEAR，分别表示 datetime 所能表示的最小和最大年份，值分别为 1 和 9999。datetime 类可以从系统中获得时间，并以用户选择的格式输出。

在 Python 中，要使用 datetime 类，首先需要使用 import 关键字引入该类，具体方式如下：

```
from datetime import datetime
```

将 datetime 类导入程序中后，创建一个 datetime 对象，然后就可以调用该对象的属性和方法显示时间。Python 提供了两种方式创建 datetime 对象，其创建方式如表 6-1 所示。

表 6-1　datetime 创建对象方式

创 建 方 式	含　　义
datetime.now()	创建一个 datetime 对象，返回当前日期和时间，精确到微秒
datetime(year, month, day, hour, minute, second, microsecond)	创建一个包含指定日期和时间的 datetime 对象，精确到微秒： year：指定年份，范围为 MINYEAR≤year≤MAXYEAR； month：指定月份，范围为 1≤month≤12； day：指定日期，范围为 1≤day≤月份所对应的日期上限； hour：指定小时，范围为 0≤hour≤24； minute：指定分钟数，范围为 0≤minute≤60； second：指定秒数，范围为 0≤second≤60； microsecond：指定微秒数，范围为 0≤microsecond≤1000000

在显示时间和日期的过程中，还可以使用 strtime()函数对显示的时间和日期进行格式化处理。该函数提供的格式化控制符如表 6-2 所示。

表 6-2　strtime()函数格式化控制符

格式化字符串	日期/时间	值 范 围
%Y	年份	0001～9999

格式化字符串	日期/时间	值 范 围
%m	月份	01～12
%B	月名	January～December
%b	月名缩写	Jan～Dec
%d	日期	01～31
%A	星期	Monday～Sunday
%a	星期缩写	Mon～Sun
%H	小时（24 小时制）	00～23
%M	分钟	00～59
%S	秒	00～59

【任务 6-1】创建 datetime 对象，输出当前系统时间（格式：1990-12-30 18:20:33）。

```
1.from datetime import datetime
2.now = datetime.now()
3.result = now.strftime("%Y-%m-%d %H:%M:%S")
4.print("当前日期为:",result)
```

程序说明：

第 1 行代码——导入 datetime 模块中的 datetime 类。

第 2 行代码——获得当前日期和时间。

第 3 行代码——对当前时间和日期进行格式化处理。

第 4 行代码——显示格式化处理后的日期和时间。

运行程序，其输出结果如下：

```
当前日期为: 2019-09-28 14:26:33
```

6.3.2　使用 calendar 模块生成日历

calendar 模块中提供了很多方法用来处理年份和月历，该模块提供了很多种类型，主要有 Calendar、TextCalendar 以及 HTMLCalendar。其中，Calendar 是 TextCalendar 与 HTMLCalendar 的基类。calendar 模块还提供了很多内置函数，如表 6-3 所示。

表 6-3　calendar 模块内置函数

函　　数	说　　明
calendar.calendar(year,w,l,c)	返回一个多行字符串格式的 year 年历，3 个月为一行。w 为每日间隔的字符数，1 为每星期行数，c 为行间距

续表

函　　数	说　　明
calendar.month(year,w,l)	返回一个多行字符串格式的 year 年 month 月日历，w 为每日间隔的字符数，l 为每星期行数
calendar.leapdays(year1,year2)	返回 year1～year2 两年的闰年总数

【任务 6-2】使用 calendar 模块输出 2019 年 6 月的日历。

```
1.   import calendar
2.   now_calendar = calendar.month(2019,6)
3.   print(now_calendar)
```

代码说明：

第 1 行代码——导入 calendar 模块。

第 2 行代码——生成 2019 年 6 月日历。

第 3 行代码——输出生成的日历。

运行程序，其输出结果如图 6-1 所示。

```
      June 2019
Mo Tu We Th Fr Sa Su
                1  2
 3  4  5  6  7  8  9
10 11 12 13 14 15 16
17 18 19 20 21 22 23
24 25 26 27 28 29 30
```

图 6-1　生成日历图

6.4　随 机 模 块

6.4.1　生成随机数

Python 中的 random 模块主要用于生成随机数，该模块提供了很多函数，主要用于根据不同的概率生成随机数。其常见生成随机数的函数如表 6-4 所示。

表 6-4　random 模块的常见随机函数

函　　数	说　　明
random.random()	产生 0～1 的随机浮点数，范围为[0,1.0]
random.uniform(a,b)	产生 a～b 的随机浮点数，范围为[a,b]
random.randint(a,b)	产生 a～b 的随机整数，范围为[a,b]

【任务 6-3】随机产生一个 1～100 的整数，请用户猜是哪一个数。

```
1.   import random
2.   code = random.randint(0,100)
3.   while True:
4.       guessNumber= int(input("请输入一个 0～100 的数字:"))
5.       if guessNumber==code:
6.           print("恭喜您，猜对了!")
7.           break
8.       elif guessNumber<code:
9.           print("猜小了! ")
10.      else:
11.          print("猜大了! ")
```

代码说明:

第 1 行代码——导入 Python 的 random 模块。

第 2 行代码——使用 random.randint(0,100)产生一个范围在 0～100 的整数。

第 3 行代码——创建一个 while 循环，该循环为一个死循环。

第 4 行代码——从控制台获得一个输入值，并将其转换为整型。

第 5～7 行代码——如果输入的值等于产生的随机值，则输出提示"恭喜您，猜对了!"，并弹出循环体。

第 8～9 行代码——如果输入的值小于产生的随机值，则输出提示"猜小了!"。

第 10～11 行代码——如果输入的值大于产生的随机值，则输出提示"猜大了!"。

6.4.2　生成随机序列

Python 的 random 模块提供了随机序列生成函数，可以生成一个符合某种规律的序列，其函数形式如表 6-5 所示。

表 6-5　random 模块生成的随机序列函数

函　　数	说　　明
random.randrange(start,stop,step)	产生一个随机序列，该序列的开始值为 start，结束值为 stop，步长为 step
random.shuffle(x)	将序列 x 中的元素打乱
random.sample(sequence,k)	从指定的序列 sequence 中随机返回 k 个元素

【任务 6-4】定义扑克牌列表，将扑克牌随机打乱，生成一副牌，分发给 4 个不同的玩家。

```
1.  import random
2.  cards=['黑桃 2','黑桃 3','黑桃 4','黑桃 5','黑桃 6',
          '黑桃 7','黑桃 8','黑桃 9','黑桃 10','黑桃 J','黑桃 Q','黑桃 K','黑桃
A',
          '红桃 2', '红桃 3', '红桃 4', '红桃 5', '红桃 6',
          '红桃 7', '红桃 8', '红桃 9', '红桃 10', '红桃 J', '红桃 Q', '红桃 K',
'红桃 A',
          '方块 2', '方块 3', '方块 4', '方块 5', '方块 6',
          '方块 7', '方块 8', '方块 9', '方块 10', '方块 J', '方块 Q', '方块 K',
'方块 A',
          '梅花 2', '梅花 3', '梅花 4', '梅花 5', '梅花 6',
          '梅花 7', '梅花 8', '梅花 9', '梅花 10', '梅花 J', '梅花 Q', '梅花 K',
'梅花 A',
          '小王','大王']
3.  random.shuffle(cards)
4.  player1=[]
5.  player2=[]
6.  player3=[]
7.  player4=[]
8.  for I in range(13):
9.      player1.append(cards.pop())
10.     player2.append(cards.pop())
11.     player3.append(cards.pop())
12.     player4.append(cards.pop())
13. print("player1 手上的牌:",player1)
14. print("player2 手上的牌:",player2)
15. print("player3 手上的牌:",player3)
16. print("player4 手上的牌:",player4)
```

代码说明：

第 1 行代码——导入 Python 的 random 模块。

第 2 行代码——定义一副扑克牌列表。

第 3 行代码——使用 random.shuffle(cards)函数将扑克牌列表随机打乱。

第 4~7 行代码——定义 4 个玩家数组。

第 8~12 行代码——依次为每个选手发 13 张牌。

第 13~16 行代码——输出每个选手的牌。

运行程序，其输出结果如下：

```
player1 手上的牌: ['方块 4', '红桃 6', '大王', '黑桃 5', '方块 6', '黑桃 10', '方
块 A', '方块 10', '黑桃 2', '红桃 7', '黑桃 3', '梅花 9', '梅花 5']
player2 手上的牌: ['方块 2', '红桃 4', '梅花 6', '方块 8', '黑桃 7', '黑桃 8', '
梅花 A', '黑桃 Q', '黑桃 6', '方块 1', '方块 7', '梅花 J', '黑桃 K']
```

```
player3手上的牌: ['红桃 9', '梅花 2', '黑桃 J', '方块 K', '红桃 A', '梅花 7', '
黑桃 A', '红桃 3', '方块 5', '梅花 1', '红桃 10', '黑桃 9', '方块 J']
player4手上的牌: ['梅花 4', '红桃 K', '梅花 K', '黑桃 4', '梅花 Q', '红桃 2', '
红桃 Q', '红桃 5', '方块 Q', '梅花 8', '方块 9', '红桃 8', '红桃 J']
```

6.5　实　践　应　用

6.5.1　石头剪刀布游戏

1. 项目介绍

传统的石头剪刀布只是在人和人之间进行的，双方只能一次出石头、剪刀、布三者之一，游戏规则为石头>剪刀、剪刀>布、布>石头。现在人和计算机之间也可以根据此规则玩石头剪刀布游戏，只不过需要对石头、剪刀、布进行数字代替，从而比较输赢。设计一个程序，实现石头剪刀布游戏。

2. 学习目标

（1）使用 Python 的 random 模块产生随机数。
（2）熟悉 Python 语句控制流程。
（3）掌握并使用石头剪刀布游戏规则。

3. 项目解析

首先声明石头剪刀布游戏规则列表；然后在循环体中随机产生计算机输出的数字，并获取玩家输入的数字；最后根据游戏规则比较并输出结果。

4. 代码清单

本项目的代码清单如下：

```
1.  import random
2.  all_choioces = ['石头', '剪刀', '布']
3.  win_list = [['石头', '剪刀'], ['剪刀', '布'], ['布', '石头']]
4.  poeple_add = 0
5.  compute_add = 0
6.  while poeple_add < 2 and compute_add < 2 :
7.      compute = random.choice(all_choioces)
8.      put ='''（0）石头（1）剪刀（2）布请选择: '''
9.      ind = int(input(put))
```

```
10.      poeple = all_choioces[ind]
11.      print('您出的是：%s,计算机出的是：%s' % (poeple, compute))
12.      if poeple == compute:
13.          print('您和计算机平局')
14.      elif [poeple, compute] in win_list:
15.          print('您赢了')
16.          poeple_add += 1
17.      else:
18.          print('计算机赢了')
19.          compute_add += 1
```

代码说明：

第 1～3 行代码——导入 random 随机模块，声明石头剪刀布列表和游戏规则列表。

第 4～5 行代码——poeple_add 和 compute_add 分别表示玩家赢的次数和计算机赢的次数。

第 6 行代码——声明 while 循环体，当玩家或计算机任意一方先赢两局游戏结束。

第 7 行代码——计算机随机产生石头、剪刀、布的任意一种。

第 8～11 行代码——获取用户输入的种类，并输出计算机和玩家的输入。

第 12～13 行代码——如果计算机和玩家输入一致，则输出"您和计算机平局"。

第 14～16 行代码——如果玩家赢了，输出"您赢了"并将玩家赢的次数加 1。

第 17～19 行代码——如果计算机赢了，输出"计算机赢了"并将计算机赢的次数加 1。

运行程序，输入相关数据，其输出结果如下：

```
（0）石头（1）剪刀（2）布 请选择：1
您出的是：剪刀,计算机出的是：石头
计算机赢了
（0）石头（1）剪刀（2）布 请选择：2
您出的是：布,计算机出的是：石头
您赢了
```

6.5.2　模拟播放器歌词显示

1. 项目介绍

音乐歌词播放器是指随着音乐的播放，显示相应的歌词。编程实现模拟音乐播放逐句显示歌词。

2. 学习目标

（1）掌握 time 模块的使用。

（2）掌握字符串分割的基本方法。

（3）掌握软件业务分析的基本方法。

3. 项目解析

首先声明歌词列表及每句歌词的播放时间；然后对歌词列表进行字符串拆分，根据每句歌词的播放时间，使用 time 模块休眠程序，休眠结束后，输出相应的歌词，直到所有的歌词播放完成。

4. 代码清单

本项目的代码清单如下：

```
1.  import time
2.  musucLrc = '''
    [00:00.01]给我你的爱
    [00:02.01]林宥嘉，张杰
    [00:05.53] 作词:秋风
    [00:09.83] 作曲:秋风
    [00:14.90]
    [00:15.65]相信我 在每个生命的路口
    [00:20.98]在每个无助的时候
    [00:24.75]都有对爱的渴求
    [00:30.47]我想把 真的爱向你传达
    [00:36.53]无论你在海角天涯
    [00:39.52]都能感到 我的牵挂
    '''
3.  lrcDict = {}
4.  musicList = musucLrc.splitlines()
5.  for lrcLine in musicList:
6.      lrcLineList = lrcLine.split("]")
7.      for index in range(len(lrcLineList) - 1):
8.          timeStr = lrcLineList[index][1:]
9.          timeList = timeStr.split(":")
10.         timea = float(timeList[0]) * 60 + float(timeList[1])
11.         lrcDict[timea] = lrcLineList[-1]
12. allTimeList = []
13. for t in lrcDict:
14.     allTimeList.append(t)
15. allTimeList.sort()
16. getTime = 0
17. while 1:
```

```
18.     for n in range(len(allTimeList)):
19.         tempTime = allTimeList[n]
20.         if getTime < tempTime:
21.             break
22.     lrc = lrcDict.get(allTimeList[n])
23.     if lrc == None:
24.         pass
25.     else:
26.         print(lrc)
27.     if n in range(len(allTimeList) - 1):
28.         time.sleep(allTimeList[n + 1] - allTimeList[n])
29.         getTime += (allTimeList[n + 1] - allTimeList[n])
30.     else:
31.         break
```

代码说明：

第 1～2 行代码——导入 time 模块，并声明每句歌词的播放时间。

第 4 行代码——将所有的歌词按句拆分。

第 5～11 行代码——循环每句歌词，将每句歌词的播放时间转换为秒。

第 12～15 行代码——将播放时间按从小到大顺序排列，从而对应歌词顺序。

第 28 行代码——调用 time.sleep()函数休眠程序。

运行程序，其运行效果如下：

```
给我你的爱
林宥嘉，张杰
 作词：秋风
 作曲：秋风


相信我 在每个生命的路口
在每个无助的时候
都有对爱的渴求
我想把 真的爱向你传达
无论你在海角天涯
都能感到 我的牵挂
```

6.6　本 章 小 结

本章主要讲解了 Python 的模块，包括模块的创建、导入与使用；接着详细介绍了 Python 中的常见模块，如日期和时间模块、随机模块；最后通过两个实践项目演示了模块的使用。

本 章 习 题

一、选择题

1．在 Python 中，从一个模块引入一个指定部分到当前的命名空间的形式为（　　）。

A．importB．from…import

C．from D．以上都不是

2．使用 datetime 模块显示日期的过程中，显示最大日期的常量是（　　）。

A． datetime.MINYEARB． datetime.MAXYEAR

C．datetime.MIN_YEARD． datetime.MAX_YEAR

3．以下（　　）函数可以对日期进行格式化。

A．format()B． strtime()

C．control()D．以上都不是

4．以下（　　）函数可以返回 0～100 的偶数序列。

A．random.randrange(2,100,2)B．random.randrange(0,100,2)

C．random.randrange(2,100,1)C．random.randrange(1,100,2)

5．以下（　　）函数可以返回 0～1 的随机浮点数。

A．random.random()B． random.uniform()

C．random.choice()C． random.shuffle()

二、填空题

1．Python 中包含了数量众多的模块，通过_____语句，可以导入模块。

2．Python 中假设有模块 C，如果希望导入 C 中所有成员，则可以采用_____的形式导入。

3．Python 中的_____模块包含各种用于日期和时间处理的类。

4．datetime 模块包含两个常量：_____和_____，分别表示最小年份和最大年份。

5．Python 中的_____模块包含用于处理日历的函数和类。

三、简答题

1．什么是模块？导入模块有哪几种方法？

2．简述 Python 中包和模块的关系。

3．简述 Python 中创建包的基本步骤。

4．简述 Python 中如何生成随机数和随机序列。

5．简述 Python 中如何生成日历。

四、编程题

1．编写程序，创建一个实现+、−、*、/和**（求平方）运算的模块 math_demo.py，并编写程序测试代码。

2．编写程序，定义一个返回指定年月的天数的函数 month_days(year,month)，并编写程序测试代码。

第 7 章　Python 面向对象特性

1. 知识图谱

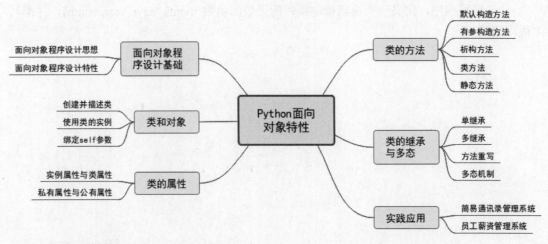

2. 学习目标

（1）掌握类的定义及使用方法。
（2）理解类的构造方法和析构方法的意义。
（3）理解父类与子类的继承派生关系。
（4）掌握在子类中重写父类的方法。
（5）理解静态属性和静态方法的意义。
（6）掌握静态成员的使用方法。

7.1　面向对象程序设计基础

7.1.1　面向对象程序设计思想

当前软件开发领域有两大编程思想，一个是面向过程的编程思想，一个是面向对象的编程思想，依据编程思想的不同，编程语言也分为面向过程的语言和面向对象的语言。C语言是面向过程的语言，Java、Python 等是面向对象的语言。

　　面向过程的编程思想在考虑问题时，是以一个具体的流程为单位，考虑程序的实现方法，关心的是功能的实现，分析出解决问题所需要的步骤，然后用函数把这些功能实现，使用的时候依次调用各个函数就可以了。

　　面向对象的编程思想在考虑问题时，以具体的事物（对象）为单位，考虑它的属性（特性）及动作（行为），关注整体，就好比观察一个人一样，不仅要关注他怎样说话，怎样走路，还要关注他的身高、体重、长相等属性特征。

　　类和对象是面向对象程序设计的核心，在面向对象编程中，以类来构造现实世界中的事物情景，再基于类创建对象来帮助进一步认识、理解、刻画。根据类来创建的对象，每个对象都会自动带有类的属性和特点，还可以按照实际需要赋予每个对象特有的属性，这个过程称为类的实例化。

　　例如五子棋，面向过程的设计思路就是首先分析解决问题的步骤，即开始游戏→黑子先走→绘制画面→判断输赢→轮到白子→绘制画面→判断输赢→返回步骤 2→输出最后结果。将每个步骤分别用函数来实现，问题就解决了，流程如图 7-1 所示。

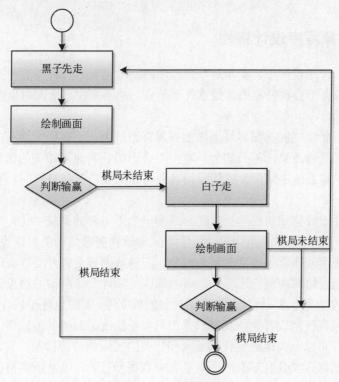

图 7-1　五子棋实现流程

　　面向对象的设计则是从另一种思路来解决问题，它将其分为 3 个对象：玩家对象，这两方的行为是一模一样的；棋盘对象，负责绘制画面；控制对象，负责判定诸如犯规、输赢等。第 1 类对象（玩家对象）负责接收用户输入，并告知第 2 类对象（棋盘对象）棋子布局的变化，棋盘对象接收到了棋子的变化就要负责在屏幕上面显示出这种变化，同时利用第 3 类对象（控制对象）来对棋局进行判定，如图 7-2 所示。

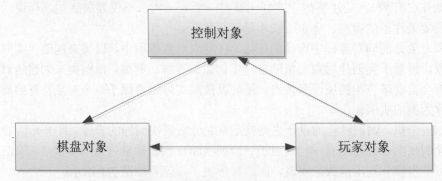

图 7-2　　五子棋面向对象设计分析

7.1.2　面向对象程序设计特性

在面向对象的程序设计中，类和对象是程序的基本元素，它将数据和操作紧密地连接在一起，并保护数据不会被外界的函数意外地改变。总的来说，面向对象的设计思想有如下特点：

- ❏　可扩展：新特性能够很容易地添加到现有系统中，不会影响原有的代码。
- ❏　可修改：当修改某一部分的代码时，不会影响到其他不相关的部分。
- ❏　可替代：将系统中某部分的代码用其他有相同接口的类替换时，不会影响到现有系统。

面向对象程序设计强调属性和操作结合成为一个不可分的系统单位，对象的外部只需要知道它做什么，而不需要知道它怎么做。封装、继承和多态是面向对象设计的三大特性。

- ❏　封装是把客观事物抽象并封装为对象，即将数据成员、方法等事件集中在一个整体内，通过访问控制，还可以隐藏内部成员，只允许可信的对象访问或操作自己的部分成员和方法。封装既保证了对象的独立性，同时也便于程序的维护和修改。
- ❏　继承是允许使用现有类的功能，并在无须重新改写原类的情况下，对这些功能进行扩展，可以有效地避免代码复制和相关的代码维护等问题。
- ❏　多态是指派生类具有基类和所有非私有数据和行为，以及新类自己定义的所有其他数据或行为，即子类拥有两个有效特性：子类的类型以及继承的基类的类型。多态性允许每个对象以自己的方式去响应共同的消息，提高软件开发的可维护性。

7.2　类 和 对 象

7.2.1　创建并描述类

在日常生活中，要描述某一类事物，既要说明它的特征，又要说明它的用途。例如要描述人这一类事物，通常用要给这类事物起一个名字，人类的特征包括身高、体重、性别、职业等，人类的行为包括走路、说话、吃饭、学习等。把人类的特征和行为组合在一起，就可以完整的描述人类。面向对象的程序设计正是基于这种思想，把事物的特征和行为包含在类中。其中事物的特征作为类的属性，事物的行为作为类的方法。通常情况下一个类由 3 部分组成。

- 类名：类的名称，它的首字母必须大写，如 Cat、Dog、Student 等。
- 属性：用于描述该类事物的特性，如猫的颜色、猫的体重等。
- 方法：用于描述该类事物的行为，如猫行走、猫叫、猫玩耍等。

类的定义就像函数的定义，只是使用 class 关键字替代了 def 关键字，同样是在执行 class 的整段代码后这个类才会生效，进入类定义的部分后，会创建出一个新的作用域，后面定义类的数据属性和方法都属于此作用域的局部变量。在 Python 中类的定义格式如下：

```
class 类名:
    类的属性
    类的方法
```

其中 class 作为类命名的关键字，类名作为有效的标识符，要符合标识符的命名规则，通常由一个或多个单词组成，每个单词除了第一个字母大写外，其余字母均小写。类体由缩进的语句块组成，包括类的属性和类的方法两种类型，分别描述类的状态数据和类的操作。

【任务 7-1】创建一个描述狗的类（Dog），其属性包括名字（name）与年龄（age），并编写相关函数描述该类的操作。

```
1.  class Dog:
2.      name=""
3.      age=0
4.      def run(self):
5.          print("狗在跑步!")
6.      def eat(self):
7.          print("狗在吃鱼!")
```

代码说明：

第 1 行代码——定义了一个 Dog 类。在 Python 中，类名的首字母一般要大写。还需要说明的是，这个类只是设计了狗（Dog）这种群体的特征，并不对应某只具体的狗。

第 2～3 行代码——定义了两个成员变量 name 和 age。在该类的所有方法中，可以通过 self.name 和 self.age 的形式来使用这两个变量，类的成员变量也被称为属性。

第 4～7 行代码——run()和 eat()是自定义的两个成员方法，分别用于输出信息。每个方法中，self 参数是必不可少的，它是一个指向实例本身的引用，还必须位于其他形参的前面。

这段代码只是定义了一个类，并没有创建该类的实例，所以直接执行这段代码没有任何输出。

7.2.2　使用类的实例

类是抽象的，是某一类事物共同特性的抽象描述，而对象是现实中该类事物的个体，要使用类定义的功能，就必须实例化类，创建类的对象。类和对象之间的关系如图 7-3 所示。

图 7-3　类和对象之间的关系

如图 7-3 所示，可以把犬类看作是一个类，把每一具体类型的犬看作一个对象，它们之间是抽象与具体的关系。犬类描述所有类型的犬的共同特性，它是对象的模板，对象是根据类创建的，因此可以创建多个对象。在 Python 中，创建对象的语法格式如下：

```
对象名 = 类名(参数列表)
```

在使用上述方式创建对象时，参数列表可以为空，创建完对象后，可以使用"."运算符来给对象的属性添加新值，调用对象的方法，获得输出结果。其基本格式如下：

```
对象名.属性名=新值          #为对象属性赋值
对象名.方法名              #调用对象的方法
```

【任务 7-2】创建一个用户类（User），其属性包含姓名（username）、手机号码（mobile）和家庭住址（address）；在 User 类中创建一个名为 describe_user()的方法，它可以打印用户的信息；新建两个不同类的对象，分别为属性赋值，并分别调用 describe_user()方法显示两个对象的属性值。

```
1.   class User:
2.       username=""
3.       mobile=""
4.       address=""
5.       def describe_user(self):
6.           print("用户名:%s,手机号码：%s,家庭住址：%s"
                    %(self.username,self.mobile,self.address))
7.   user1 = User()
8.   user1.username = "张大晴"
9.   user1.mobile="13988888889"
10.  user1.address="中国北京"
11.  user1.describe_user()
12.  user2= User()
13.  user2.username="张为公"
14.  user2.mobile="18951118565"
15.  user2.address="中国南京"
16.  user2.describe_user()
```

代码说明：

第 1～4 行代码——定义一个 User 类，该类包含 3 个属性，分别是 username、mobile与 address，且初始值全部为空。

第 5～6 行代码——定义 describe_user()方法，该方法用于输出对象的 3 个属性值。

第 7～11 行代码——创建 user1 对象，为 user1 对象的 3 个属性分别赋值，并调用describe_user()方法输出。

第 12～16 行代码——创建 user2 对象，为 user2 对象的 3 个属性分别赋值，并调用describe_user()方法输出。

运行程序，其输出结果如下：

```
用户名:张大晴,手机号码：13988888889,家庭住址:中国北京
用户名:张为公,手机号码：18951118565,家庭住址:中国南京
```

7.2.3　绑定 self 参数

Python 的实例方法和普通的函数有一个明显的区别，就是实例方法的第 1 个参数永远都是 self，并且在调用这个方法的时候不必为这个参数赋值。实例方法的这个特殊的参数指对象本身，当某个对象调用方法的时候，Python 解释器会把这个对象作为第 1 个参数传递给 self，在程序中只需要传递后面的参数就可以了。实例方法的声明格式如下：

```
def 方法名(self,形参列表):
    方法体
```

在程序中，通过"self.变量名"定义的属性称为实例属性，也称成员变量。类的每个对象都包含了该类的成员变量的一个单独副本。成员变量在类的内部通过 self 访问，在外部通过类的对象访问。

【任务 7-3】设计一个圆类（Circle），其属性包含半径（radius），方法 setRadius(radius) 设置圆的半径、方法 showArea( )计算圆的面积。创建类的对象，输出圆的面积。

```
1.  import math
2.  class Circle:
3.      def setRadius(self,radius):
4.          self.radius = radius
5.      def showArea(self):
6.          area = math.pi*self.radius*self.radius
7.          print("圆的面积为:%.2f"%area)
8.  circle = Circle()
9.  circle.setRadius(5)
10. circle.showArea()
```

代码说明：

第 1～2 行代码——导入 math 模块，该模块提供了常用的数学计算方法，并定义一个 Circle 类。

第 3～4 行代码——定义 setRadius()方法，在参数中传入圆的半径，通过 self.radius 为成员变量设置新的半径值。

第 5～7 行代码——定义 showArea()方法，在该方法中计算圆的面积，在 print()方法中，保留 2 位小数输出圆的面积。

第 8～10 行代码——实例化类的对象，分别调用 setRadius()和 showArea()两个方法，传入圆的半径，并输出圆的面积。

运行程序，其输出结果如下：

```
圆的面积为:78.54
```

7.3　类　的　属　性

7.3.1　实例属性与类属性

通过"self.变量名"定义的属性称为实例属性，也称为成员变量。类的每个实例都包含了该类的成员变量的一个单独副本。实例属性一般在__init__方法中进行初始化，在类的内部通过 self 访问，在外部通过类的对象访问。实例属性的定义和访问格式如下：

```
self.变量名=初始值        #初始化
对象名.变量名=值          #赋值
对象名.变量名            #读取
```

Python 也允许声明属于类本身的变量，称为类属性或静态属性。类属性属于整个类，不是特定实例的一部分，而是所有的实例之间共享一个副本，类属性通过类名访问。类属性的定义和访问格式如下：

```
变量名=初始值            #初始化
类名.变量名=值           #赋值
类名.变量名             #读取
```

【任务 7-4】定义一个学生类（Student），其实例属性包含姓名（name）和性别（sex），类属性包含学生人数（count），定义方法 addStudent（name,sex）用于增加学生信息，每增加一位学生，类属性的值加 1。创建对象，显示学生人数信息。

```
1.  class Student:
2.     count=0
3.     def addStudent(self,name,sex):
4.         self.name = name
5.         self.sex = sex
6.         Student.count+=1
7.  stu1 = Student()
8.  stu1.addStudent("张三","男")
9.  stu2 = Student()
10. stu2.addStudent("王晓静","女")
11. print("stu1 学生姓名:%s,性别:%s,数量信息:%d"%(stu1.name,stu1.sex,
Student.count))
12. print("stu2 学生姓名:%s,性别:%s,数量信息:%d"%(stu2.name,stu2.sex,
Student.count))
```

代码说明：

第 1～2 行代码——使用 class 关键字定义 Student 类，并定义了类属性 count，初始值为 0。

第 3～6 行代码——定义方法 addStudent()，在方法体中用 self 为实例属性 name 和 sex 赋初值，并使类属性 count 的值加 1。

第 7～10 行代码——定义两个对象 stu1 和 stu2，分别调用对象的 addStudent()方法。

第 11～12 行代码——分别输出两个对象的信息。

运行程序，其输出结果如下：

```
stu1 学生姓名:张三,性别:男,数量信息:2
stu2 学生姓名:王晓静,性别:女,数量信息:2
```

从以上程序可以看出，实例属性属于对象所有，而类属性属于类所有，所有的对象共有。当一个对象修改类属性的值时，其他对象中该类属性的值也发生变化。

7.3.2　私有属性与公有属性

与其他面向对象的程序设计语言不同，Python 类的成员没有访问控制的限制，但是为了保护类里面的属性，避免外界随意赋值，约定凡是以两个下画线开头的属性是私有属性（private）。私有属性只能在类体中通过"self.变量名"访问，而不能在类体外通过对象名访问。其他的是公有属性（public），不但可以在类体中通过"self.变量名"访问，而且还可以在类外通过对象名访问。

【任务 7-5】在任务 7-4 的基础上，添加私有属性年龄（age）、方法 setAge(newAge)与 getAge()分别设置和获得年龄。创建类的对象，获取学生信息。

```
1.  class Student:
2.     count=0
3.     def addStudent(self,name,sex):
4.        self.name = name
5.        self.sex = sex
6.        Student.count+=1
7.     def setAge(self,newAge):
8.        self.__age = newAge
9.     def getAge(self):
10.       return self.__age
11. stu1 = Student()
12. stu1.addStudent("张三","男")
13. stu1.setAge(21)
14. print("stu1 学生姓名:%s,性别:%s,年龄:%d"%(stu1.name,stu1.sex,
stu1.getAge()))
```

代码说明：

第 7～8 行代码——定义 setAge()方法，在该方法中为私有属性 age 赋值。

第 9～10 行代码——定义 getAge()方法，在该方法中通过 self.__age 访问私有属性的值。

第 14 行代码——输出学生信息。需要注意的是，由于 age 属性是私有的，所以不能通过"对象名.属性"的方式访问，否则会出现错误。

运行程序，其输出结果如下：

```
stu1 学生姓名:张三,性别:男,年龄:21
```

7.4　类　的　方　法

使用 Python 所创建的类中，有两个特定的方法，分别是__init__与__del__，前者称为构造方法，后者称为析构方法。注意这两个方法的特定格式，方法名前后都含有两个下画线。前面任务所编写的代码中，定义类时并没有显式定义这两个方法，则系统会自动为类设置默认的构造方法和析构方法。类的构造方法和析构方法的执行流程如图 7-4 所示。

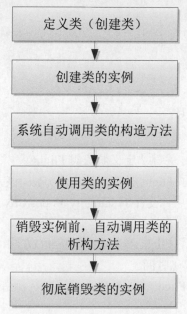

图 7-4　构造方法与析构方法的执行流程

由图 7-4 可知，当类的对象被创建后，系统会自动先运行该对象的构造方法，而当实例被销毁前，系统又会自动运行该对象的析构方法。

7.4.1　默认构造方法

在 Python 中，每个类至少有一个构造方法。如果程序中没有显式定义任何构造方法，那么系统将自动提供一个隐含的默认构造方法；如果程序中已经显式定义了构造方法，那么系统将不再提供隐含的默认构造方法。

所谓默认的构造方法是指方法名为__init__（两个下画线开头和两个下画线结尾），在该方法中除了 self 参数之外，没有任何参数，且该方法没有任何返回值。当创建类的对象时，系统会自动调用构造方法，从而完成对象的初始化操作。

【任务 7-6】定义一个航班类（Flight），该类中的属性包括起飞城市（startCity）、目的城市（destCity）、起飞时间（flyTime），定义方法 showFlight()用于显示航班信息；在默认构造方法中分别将起飞城市、目的城市和起飞时间设置为北京、上海、2019-09-10 18:28；使用默认构造方法实例化对象，并显示航班信息。

```
1.  class Flight:
2.      def __init__(self):
3.          self.startCity='北京'
4.          self.destCity='上海'
5.          self.flyTime='22019-09-10 18:28'
6.      def showFlight(self):
7.          print("航班的起飞城市:%s,目的城市:%s,起飞时间:%s"%(self.startCity,
    self.destCity,self.flyTime))
8.  flight = Flight()
9.  flight.showFlight()
```

代码说明：

第 1 行代码——使用 class 关键字定义航班类 Flight。

第 2～4 行代码——描述了 Flight 类的默认构造方法，该方法名称必须设置为__init__，注意下画线。在默认构造方法中，设置了 startCity 和 destCity 和 flyTime 3 个属性的初始默认值。

第 6～7 行代码——定义了 Flight 类的 showFlight()方法，该方法用于显示航班信息，输出起飞城市、目的城市和起飞时间。

第 8～9 行代码——创建 Flight 类的对象，调用默认构造方法，并显示航班信息。

运行程序，其输出结果如下。

航班的起飞城市:北京,目的城市:上海,起飞时间:22019-09-10 18:28

7.4.2 有参构造方法

默认构造方法除了 self 参数之外，没有任何其他的参数。在构造方法中还可以根据需要添加一个或者多个参数，称为有参构造方法。需要注意的是定义类时，如果没有给类定义构造方法，Python 编译器在编译时会提供一个隐式的默认构造方法，它没有任何参数。一旦在定义类的时候提供了其他的构造方法，Python 编译器将不再提供系统默认的构造方法。一个 Python 类只能有一个用于构造对象的__init__方法。

【任务 7-7】对任务 7-6 进行修改，定义一个含有起飞城市、目的城市和起飞时间 3 个参数的构造方法；实例化类的对象，调用该构造方法初始化类的数据成员，并显示航班信息。

```
1.  class Flight:
2.     def __init__(self,startCity,destCity,flyTime):
3.         self.startCity =startCity
4.         self.destCity = destCity
5.         self.flyTime = flyTime
6.     def showFlight(self):
7.         print("航班的起飞城市:%s,目的城市:%s,起飞时间:%s"%(self.startCity,
    self.destCity,self.flyTime))
8.  flight= Flight('无锡','长春','2019-09-20 10:15')
9.  flight.showFlight()
10. flight2= Flight('上海','曼谷','2019-09-23 08:32')
11. flight2.showFlight()
```

代码说明:

第 1 行代码——使用 class 关键字定义航班类 Flight。

第 2～5 行代码——定义了含有 3 个参数的构造方法,分别传入起飞城市、目的城市和起飞时间 3 个参数的值。

第 6～7 行代码——定义了 Flight 类的 showFlight()方法,该方法用于显示航班信息,输出起飞城市、目的城市和起飞时间。

第 8～11 行代码——创建 2 个 Flight 类的对象,调用构造方法,并显示不同的航班信息。

运行程序,其输出结果如下。

```
航班的起飞城市:无锡,目的城市:长春,起飞时间:2019-09-20 10:15
航班的起飞城市:上海,目的城市:曼谷,起飞时间:2019-09-23 08:32
```

7.4.3　析构方法

在 Python 程序中,可以通过 del 指令销毁已经创建的类的实例,或者当实例在某个作用域中被调用完毕,在弹出某个作用域时,系统也会自动销毁这个实例。析构方法(__del__)与构造方法的功能正好相反,类的实例被系统销毁前会自动调用析构方法。释放多余内存等需要在类的实例被销毁前完成的功能,一般写在析构方法里。

【任务 7-8】对任务 7-7 进行修改,添加析构方法,输出销毁对象的相关信息,并再次运行程序,观察程序输出结果。

```
1.  class Flight:
2.     def __init__(self,startCity,destCity,flyTime):
3.         self.startCity =startCity
4.         self.destCity = destCity
```

```
5.        self.flyTime = flyTime
6.    def __del__(self):
7.        print('调用析构方法，销毁对象')
8.    def showFlight(self):
9.        print("航班的起飞城市:%s,目的城市:%s,起飞时间:%s"%(self.startCity,
   self.destCity,self.flyTime))
10. flight= Flight('无锡','长春','2019-09-20 10:15')
11. flight.showFlight()
12. flight2= Flight('上海','曼谷','2019-09-23 08:32')
13. flight2.showFlight()
```

代码说明：

第 6～7 行代码——定义类的析构方法，该方法名称必须设置为__del__，在析构方法中输出了一段信息。需要注意的是，在定义析构方法时方法名前后都有两个下画线。

第 10～13 行代码——创建了 flight 与 flight2 两个对象，并显示不同的航班信息。

在程序运行结束前，系统会自动销毁前面创建的这两个实例，此时会分别调用两个实例的析构方法，所以会在程序结束前输出两行信息。

运行程序，其输出结果如下：

```
航班的起飞城市：无锡,目的城市:长春,起飞时间:2019-09-20 10:15
航班的起飞城市：上海,目的城市:曼谷,起飞时间:2019-09-23 08:32
调用析构方法，销毁对象
调用析构方法，销毁对象
```

7.4.4　类方法

Python 也允许声明属于类的方法，即类方法。类方法不针对特定的对象进行操作，在类方法中访问对象的属性会导致错误。在 Python 中类方法通过修饰符@classmethod 来定义，且第 1 个参数必须是类本身，通常为 cls。类方法的声明格式如下：

```
class 类名:
    @classmethod
    def 类方法名(cls):
        方法体
```

需要注意的是，虽然类方法的第 1 个参数为 cls，但是在调用时不需要也不能给该参数传递值，Python 自动把类的对象传递给该参数，通过 cls 访问类的属性。要想调用类方法，既可以通过类名调用，也可以通过对象名调用，这两种方式没有任何区别。

【任务 7-9】定义一个班级类（ClassInfo），该类中包含类属性班级人数（number），两个类方法 addNum(cls,number)与 getNum(cls)分别用于添加和显示班级人数。编写程序，利用类方法实现添加班级人数和输出班级人数信息。

```
1.  class ClassInfo:
2.      number = 0
3.      @classmethod
4.      def addNum(cls,number):
5.          cls.number =cls.number+number
6.      @classmethod
7.      def getNum(cls):
8.          print("班级人数为:%d"%cls.number)
9.  ClassInfo.number = 10
10. ClassInfo.addNum(20)
11. ClassInfo.getNum()
```

代码说明：

第 1～2 行代码——使用 class 关键字定义一个 ClassInfo 类，并声明名称为 number 的类属性，其初始值为 0。

第 3～5 行代码——使用@classmehod 修饰符定义类方法，方法名为 addNum()，用于实现班级人数的添加。

第 6～8 行代码——使用@classmethod 修饰符定义类方法，方法名为 getNum()，用于显示当前班级的人数。

第 9～11 行代码——首先为类属性赋值为 10，然后调用类方法实现班级人数的添加，最后输出班级人数。

运行程序，其输出结果如下：

```
班级人数为:30
```

7.4.5　静态方法

静态方法是不需要通过对象，直接通过类就可以调用的方法。静态方法主要是用来存放逻辑性的代码，和类本身没有交互，不会涉及类中的其他方法和属性的操作。静态方法的使用流程如图 7-5 所示。

图 7-5　静态方法使用流程

在 Python 中，可以使用修饰符@staticmethod 来标识静态方法，其语法格式如下：

```
class 类名:
    @staticmethod
    def 静态方法名():
        方法体
```

在上述格式中，静态方法的参数列表中没有任何参数。由于静态方法中没有 self 参数，所以无法访问对象属性，静态方法中也没有 cls 参数，所以它也无法访问类的属性。静态方法的定义和它的类没有直接的关系，只是起到函数的作用。要使用静态方法，既可以通过对象名调用，也可以通过类名调用，这两者之间没有任何差别。

【任务 7-10】定义一个 Person 类，该类中包含类属性国家 country()，有一个静态方法 getCountry()。编写程序、实现调用静态方法输出国家信息。

```
1.  class Person:
2.      country='China'
3.      @staticmethod
4.      def getCountry():
5.          print("所属国家为:",Person.country)
6.  Person.getCountry()
```

代码说明：

第 1~2 行代码——使用 class 关键字定义 Person 类，并声明 country 为类属性，其初始值为 China。

第 3~5 行代码——使用@staticmethod 修饰符定义静态方法，在方法体中访问类属性，输出 country 属性的值。

第 6 行代码——通过类名 Person 调用 getCountry()方法。

运行程序，其输出结果如下：

```
所属国家为: China
```

7.5　类的继承与多态

面向对象编程带来的好处之一就是代码的重用,实现这种重用的方法之一就是继承机制。继承描述的是两个类或多个类之间的父子关系,当创建一个类时,不需要重新编写新的数据属性与方法,只需要指定新建的类继承一个已有的类即可,这个已有的类称为基类,新建的类称为子类。继承实现了数据属性和方法的重写,减少了代码的冗余度。

在继承机制中,子类继承了父类的所有公有数据属性和方法,并且子类可以通过编写本身的代码扩充其自身的功能。例如猫和狗都属于动物,程序便可以描述为猫和狗继承自动物;同理,波斯猫和巴厘猫都继承自猫,而沙皮狗和斑点狗都继承自狗,类的继承关系如图 7-6 所示。

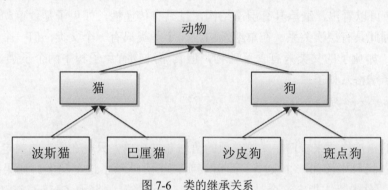

图 7-6　类的继承关系

如图 7-6 所示,特定的猫种类继承自猫类,猫类继承自动物类,猫类编写了描述所有猫种类共有的属性和方法,而特定的猫种类则增加了该猫种特有的行为。不过继承也有一定的弊端,可能父类对于子类也有一定特殊的地方,如某种特定的猫种不具有绝大部分猫种的行为,当开发者没有理清类中的关系时,可能会使得子类具有了不该具有的方法。

在 Python 中,继承有以下特点:

❑　在类的继承机制中,基类的初始化方法__init__不会被自动调用,如果希望子类调用基类的__init__方法,需要在子类的__init__方法中显式调用它。

❑　在调用基类的方法时,需要加上基类的类名前缀,且带上 self 参数变量。需要注意的是,在类体外调用该类中定义的方法是不需要 self 参数的。

❑　在 Python 中,子类不能访问基类的私有成员。

7.5.1　单继承

单继承是指子类只继承一个父类。单继承的例子在生活中随处可见,如兔子是食草动物，其具有食草动物的特性，老虎是食肉动物，其具有食肉动物的特性，而食草动物和食肉动物都具有动物的特性。图 7-7 描述了动物之间的单继承结构。

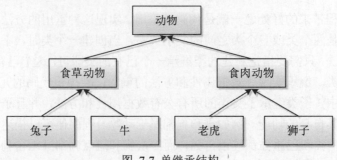

图 7-7　单继承结构

从图 7-7 可以看出，继承具有层次结构，且具有传递性，如兔子是食草动物，食草动物是动物，因此具有层次关系。在单继承中，一个子类只有一个父类，但一个父类可能拥有多个子类，如兔子的父类只有食草动物，但食草动物有兔子和牛两个子类。在 Python中单继承的语法格式如下：

```
class 子类名(父类):
    类体
```

从上面的语法格式来看，定义单继承的语法非常简单，只需在原来的类定义后增加圆括号，并在圆括号中添加一个父类，即可表明该子类继承了这个父类。如果在定义一个Python 类时，并未显式指定这个类的直接父类，则该类默认继承 Object 类。

【任务 7-11】学校人员可以抽象为图 7-8 所示的继承关系。编写程序，根据类图结构实现类的继承，并通过派生类的对象调用基类和派生类的方法，打印输出。

图 7-8　学校人员类的继承关系

```
1.  class SchoolMember:
2.      def __init__(self,username,depart,sex):
3.          self.username = username
4.          self.depart = depart
5.          self.sex = sex
6.      def showInfo(self):
7.          print("姓名:%s,系部:%s,性别:%s"%(self.username,self.depart,
    self.sex))
8.  class Teacher(SchoolMember):
9.      def __init__(self,username,depart,sex,title):
10.         SchoolMember.__init__(self,username,depart,sex)
11.         self.title = title
12.     def showTitle(self):
13.         print("教师职称为:%s\r\t"%self.title)
14. class Student(SchoolMember):
15.     def __init__(self,username,deaprt,sex,major):
16.         SchoolMember.__init__(self,username,deaprt,sex)
17.         self.major = major
18.     def showMajor(self):
19.         print("学生专业为:%s\r\t"%self.major)
20. teacher = Teacher("王老师","人工智能学院","女","副教授")
21. teacher.showTitle()
22. teacher.showInfo()
23. student = Student("张同学","计算机学院","男","大数据技术与应用")
24. student.showMajor()
25. student.showInfo()
```

代码说明：

上面的代码共定义了 3 个类，分别是 SchoolMember、Teacher 和 Student。注意 Teacher 与 Student 类名后面的括号内填写了 SchoolMember，说明它们都是 SchoolMember 的子类，即继承了 SchoolMember 类的所有属性与方法。

第 2～5 行代码——定义基类 SchoolMember 的构造方法，初始化实例属性 username、depart 与 sex。

第 6～7 行代码——定义基类的方法 showInfo()，打印输出 username、depart 和 sex 的信息。

第 9～11 行代码——定义派生类 Teacher 的构造方法，在该构造方法中，先调用基类构造方法初始化基类的实例属性,再调用派生类的构造方法初始化派生类的 tilte 实例属性。

第 12～13 行代码——在 Teacher 派生类中，定义 showTitle()方法，输出职称信息。

第 15～17 行代码——定义派生类 Student 的构造方法，在该构造方法中，先调用基类

构造方法初始化基类的实例属性，再调用派生类的构造方法初始化派生类的 major 实例
属性。

　　第 18～19 行代码——在 Student 派生类中，定义 showMajor()方法，输出专业信息。

　　第 20～25 行代码——分别定义两个派生类对象，调用基类和派生类的方法输出。

运行程序，其输出结果如下：

```
教师职称为:副教授
姓名:王老师,系部:人工智能学院,性别:女
学生专业为:大数据技术与应用
姓名:张同学,系部:计算机学院,性别:男
```

7.5.2　多继承

　　在现实生活中，一个子类往往会有多个父类。例如，沙发床是沙发和床的组合，水鸟
既有鸟的特点，能在天空中飞翔，同时又具有鱼的特点，能在水中遨游，这些都是多继承
的体现，图 7-9 描述了多重继承的层次关系。

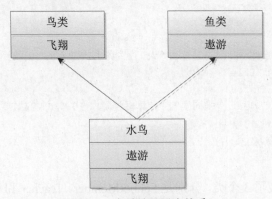

图 7-9　多重继承层次关系

　　从图 7-9 可以看出，水鸟既拥有鸟类飞翔的行为特征，又拥有鱼类遨游的行为特征。
可以把多继承看作是单继承的扩展，其实质是子类拥有多个父类，被继承的多个父类之间
用逗号隔开。多继承的语法格式如下：

```
class 子类(父类1,父类2,…,父类n):
    类体
```

　　【任务 7-12】根据图 7-10 所示的双亲多继承层次关系，编写程序实现类的多继承，
并通过派生类的对象调用基类和派生类的方法，打印输出。

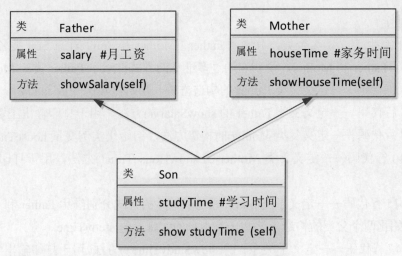

图 7-10　双亲多继承层次关系

```
1.  class Father:
2.      def __init__(self,salary):
3.          self.salary = salary
4.      def showSalary(self):
5.          print("月工资为: ",self.salary)
6.  class Mother:
7.      def __init__(self,houseTime):
8.          self.houseTime = houseTime
9.      def showHouseTime(self):
10.         print("每天家务的时间为: ",self.houseTime)
11. class Son(Father,Mother):
12.     def __init__(self,salary,houseTime,studyTime):
13.         Father.__init__(self,salary)
14.         Mother.__init__(self,houseTime)
15.         self.studyTime = studyTime
16.     def showStudyTime(self):
17.         print("每天的学习时间为: ",self.studyTime)
18. son = Son(8500,4,2)
19. son.showSalary()
20. son.showStudyTime()
21. son.showHouseTime()
```

代码说明：

上面的代码共定义了 3 个类，分别是 Father、Mother 和 Son。注意 Son 类名后面的圆括号内填写了 Father 和 Mother，说明它通过多继承的方式继承了 Father 类和 Mother 类。

第 2～3 行代码——定义父类 Father 的构造方法，初始化实例变量 salary。

第 4～5 行代码——定义父类 Father 的 showSalary()方法，用于打印输出工资额。

第 7～8 行代码——定义父类 Mother 的构造方法，初始化实例变量 houseTime。

第 9～10 行代码——定义父类 Mother 的 showHouseTime()方法，用于打印输出家务时间。

第 12～15 行代码——定义子类 Son，通过多继承的方式分别继承 Father 和 Mother 的特性，并初始化两个父类的构造方法和子类本身的实例变量 studyTime。

第 16～17 行代码——定义子类 Son 的 showStudyTime ()方法,用于打印输出学习时间。

第 18～21 行代码——实例化子类的对象，分别调用两个父类的方法以及子类本身的方法输出。

运行程序，其输出如下：

```
月工资为：8500
每天的学习时间为：2
每天家务的时间为：4
```

7.5.3　方法重写

所谓方法的重写，就是在子类中有一个和父类名字相同的方法，此时子类中的方法会覆盖父类中同名的方法。在类的继承关系中，子类会自动拥有父类定义的方法，但有时子类想要按照自己的方式实现方法，此时便可以对父类的方法进行重写，使得子类的方法覆盖掉父类中同名的方法。

需要注意的是，在子类中重写的方法和父类被重写的方法具有相同的方法名和参数列表，如果在子类中想调用父类中被重写的方法，需要使用 super 关键字访问父类中的方法，其基本格式如下：

```
super().父类方法名(参数列表)
```

【任务 7-13】根据图 7-11 所示的继承关系，实现方法重写，并使用 super 调用父类被重写的方法，实例化派生类的对象，输出程序结果。

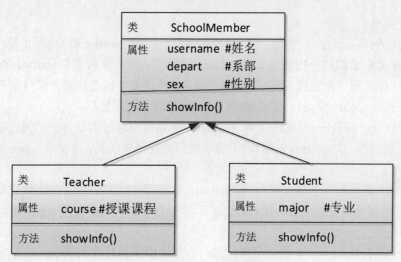

图 7-11　方法重写继承关系图

```
1.  class SchoolMember:
2.      def __init__(self,username,depart,sex):
3.          self.username = username
4.          self.depart = depart
5.          self.sex = sex
6.      def showInfo(self):
7.          print("姓名:%s,系部:%s,性别:%s"%(self.username,self.depart,
    self.sex))
8.  class Teacher(SchoolMember):
9.      def __init__(self,username,depart,sex,course):
10.         SchoolMember.__init__(self,username,depart,sex)
11.         self.course = course
12.     def showInfo(self):
13.         print("教授课程为:%s\r\t"%self.course)
14.         super().showInfo()
15. class Student(SchoolMember):
16.     def __init__(self,username,deaprt,sex,major):
17.         SchoolMember.__init__(self,username,deaprt,sex)
18.         self.major = major
19.     def showInfo(self):
20.         print("学生专业为:%s\r\t"%self.major)
21.         super().showInfo()
22. teacher = Teacher("王老师","人工智能学院","女","Python 人工智能基础")
23. teacher.showInfo()
24. student = Student("张同学","计算机学院","男","大数据技术与应用")
25. student.showInfo()
```

代码说明：

上面的代码共定义了 3 个类，分别是 SchoolMember、Teacher 和 Student。注意 Teacher 类和 Student 类后面的括号内填写了 SchoolMember，说明它继承了 SchoolMember 类。

第 1～7 行代码——定义 SchoolMember 基类。在该类中通过构造方法分别初始化实例属性 username、depart 和 sex，方法 showInfo()用于显示用户信息。

第 8～14 行代码——定义派生类 Teacher。在该类中通过构造方法实例化基类实例属性以及派生类属性，方法 showInfo()用于显示教师教授课程信息，并使用 super 调用基类同名方法。

第 15～21 行代码——定义派生类 Student。在该类中通过构造方法实例化基类实例属性以及派生类属性，方法 showInfo()用于显示学生专业信息，并使用 super 调用基类同名方法。

第 22～25 行代码——实例化子类对象，分别调用子类对象的 showInfo ()方法，输出显示对象信息。

运行程序，其输出结果如下：

```
教授课程：Python 人工智能基础
姓名：王老师,系部：人工智能学院,性别：女
学生专业为：大数据技术与应用
姓名：张同学,系部：计算机学院,性别：男
```

7.5.4　多态机制

多态性是面向对象程序设计的三大特性之一。对于弱类型的语言来说，变量并没有声明类型，因此同一变量完全可以在不同的时刻引用多个不同的对象，当同一个变量在调用不同的方法时，就可能呈现出多态性。在 Python 中多态性是将父对象设置成为一个或多个它的子对象的引用，用同一种方式调用父类的方法，根据同一类对象引用指针的不同，在程序执行过程中调用子类的不同方法。

Python 是动态语言，可以调用实例方法，其不检查类型，只需要方法存在、参数正确就可以调用，这是与静态语言（Java、.NET）最大的区别之一，表明了动态绑定的存在。

【任务 7-14】如图 7-12 所示，描述了公司员工之间类的层次关系，其中：

（1）Employee 类是所有员工的父类。属性包括员工姓名（name）和员工生日月份（birth）；方法 get_salary(month)根据月份来确定工资，如果该月员工过生日，则公司会额外奖励 100 元。

（2）SalariedEmployee 类是 Employee 的子类，为拿固定工资的员工。属性为月工资（salary）；方法 get_salary(month) 根据月份来确定工资。

（3）HourlyEmployee 类是 Employee 的子类，为按小时拿工资的员工。属性包括每小时工资（salary）和每月工作小时数（hour）；方法 get_salary(month) 根据工作小时数来确定工资，每月工作超出 160 小时的部分按照 1.5 倍工资发放。

利用父类引用子类对象，实现类的多态，并打印输出。

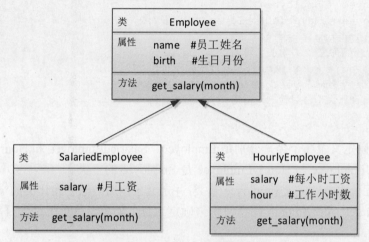

图 7-12　公司员工类的继承关系

```
1.   class Employee:
2.       def __init__(self,name='',birth=''):
3.           self.name = name
4.           self.birth = birth
5.       def get_salary(self,month):
6.           if self.birth==month:
7.               return 100
8.           else:
9.               return 0
10.  class SalariedEmployee(Employee):
11.      def __init__(self,name,birth,salary):
12.          Employee.__init__(self,name,birth)
13.          self.salary = salary
14.      def get_salary(self,month):
15.          return self.salary+super().get_salary(month)
16.  class HourlyEmployee(Employee):
17.      def __init__(self,name,birth,hour,salary):
18.          Employee.__init__(self,name,birth)
19.          self.salary = salary
20.          self.hour = hour
21.      def get_salary(self,month):
```

```
22.        if(self.hour>160):
23.           return self.salary * 160 + (self.hour - 160) * self.salary *
1.5+ super().get_salary(month)
24.        else:
25.           return self.salary*self.hour
26. employee = Employee()
27. employee = SalariedEmployee("王晓静",2, 8500)
28. w_salary=employee.get_salary(2)
29. print("王晓静 2 月份的工资为:",w_salary)
30. employee = HourlyEmployee("张大千",5,170,50)
31. z_salary=employee.get_salary(5)
32. print("张大千 5 月份的工资为:",z_salary)
```

代码说明:

上面的代码定义了 3 个类,分别是 Employee、SalariedEmployee 和 HourlyEmployee。其中,SalariedEmployee 与 HourlyEmployee 是 Employee 的子类。

第 1~9 行代码——定义 Employee 基类,并定义了构造方法初始化类的实例属性 name 和 birth,方法 get_salary(month)根据月份来确定工资,如果该月员工过生日,则公司会额外奖励 100 元。

第 10~15 行代码——定义 SalariedEmployee 派生类,并定义了构造方法初始化基类和派生类的实例属性,方法 get_salary(month)根据月份来确定工资。

第 16~25 行代码——定义 HourlyEmployee 派生类,并定义了构造方法初始化基类和派生类的实例属性,方法 get_salary(month)根据工作小时数来确定工资,每月工作超出 160 小时的部分按照 1.5 倍工资发放。

第 26~30 行代码——用父类引用不同的子类,根据同一类对象引用指针的不同,在程序执行过程中调用子类的不同方法。

运行程序,其输出结果如下:

```
王晓静 2 月份的工资为: 8600
张大千 5 月份的工资为: 8850.0
```

7.6　实　践　应　用

7.6.1　简易通讯录管理系统

1. 项目介绍

通讯录管理系统是一种常用的通讯录管理软件,主要实现对联系人的添加、删除、修改及搜索操作管理，使用面向对象的程序设计思想编写通讯录管理系统，主要实现以下功能：

（1）以字典的形式保存联系人，其信息包括姓名、电话、邮件、地址、生日。

（2）定义 contact_menu()方法打印菜单信息："1：添加联系人""2：删除联系人""3：修改联系人""4：搜索联系人""5：退出通讯录"。

（3）分别定义 add_contact()、delete_contact()、modify_contact()和 search_contact()方法实现联系人的增、删、修、查操作。

2. 学习目标

（1）理解面向对象的程序设计思想。

（2）掌握类属性和类方法的使用。

（3）理解方法和属性的调用方式。

3. 项目解析

首先定义 Contact 类，然后在类体中定义 contact_menu()、add_contact()、delete_contact()、modify_contact()和 search_contact() 5 个方法，分别实现打印菜单、增加联系人、删除联系人、修改联系人和搜索联系人操作，最后实例化类对象，在 while 循环体中根据用户输入调用相应方法，完成具体功能。

4. 代码清单

本项目的代码清单如下：

```
1.   class Contact:
2.       total_amount = 0
3.       contacts_dict = {}
4.       def contact_menu(self):
5.           print("欢迎使用简易通讯录管理系统，系统提供以下功能："
                 "1：添加联系人"
                 "2：删除联系人"
                 "3：修改联系人"
                 "4：搜索联系人"
                 "5：退出通讯录")

6.       def add_contact(self):
7.           name = input("请输入添加的联系人姓名：")
8.           if name in Contact.contacts_dict:
9.               print("该联系人已经存在")
```

```
10.        else:
11.            telephone = input("请输入 13 位电话号码：")
12.            email = input("请输入邮件：")
13.            address = input("请输入地址：")
14.            birthday = input("请输入生日：")
15.            label = {"tele": telephone, "email": email, "add": address,
   "birth": birthday}
16.            Contact.contacts_dict[name] = label
17.            Contact.total_amount += 1
18.            print("添加成功，当前已有联系人{}人".format(Contact.total_
   amount))

19.    def delete_contact(self):
20.        name = input("请输入要删除的联系人姓名：")
21.        if name in Contact.contacts_dict:
22.            del Contact.contacts_dict[name]
23.            print(Contact.contacts_dict)
24.            Contact.total_amount -= 1
25.            print("删除成功，当前已有联系人{}人".format(Contact.total_
   amount))
26.        else:
27.            print("{}人不在通讯录中".format(name))

28.    def search_contact(self):
29.        name = input("请输入要搜索的联系人姓名：")
30.        if name in Contact.contacts_dict:
31.            print(Contact.contacts_dict[name])
32.        else:
33.            print("{}人不在通讯录中".format(name))

34.    def modify_contact(self):
35.        name = input("请输入要修改的联系人姓名：")
36.        if name in Contact.contacts_dict:
37.            print("修改前：")
38.            print(Contact.contacts_dict[name])
39.            modify_tele = input("请输入修改后的电话")
40.            modify_email = input("请输入修改后的邮件")
41.            modify_address = input("请输入修改后的地址")
42.            modify_birth = input("请输入修改后的生日")
43.            modify_label = {"tele": modify_tele, "email": modify_email,
   "add": modify_address, "birth": modify_birth}
44.            Contact.contacts_dict[name] = modify_label
45.            print("修改后：", Contact.contacts_dict[name])
```

```
46.        else:
47.            print("{}人不在通讯录中".format(name))

48. contact_person = Contact()
49. while True:
50.        contact_person.contact_menu()
51.        choice = int(input("请选择功能：输入对应的数字"))
52.        if choice == 1:        # 添加
53.            contact_person.add_contact()
54.        elif choice == 2:      # 删除
55.            contact_person.delete_contact()
56.        elif choice == 3:      # 修改
57.            contact_person.modify_contact()
58.        elif choice == 4:      # 搜索
59.            contact_person.search_contact()
60.        elif choice == 5:      # 退出
61.            break
62.        else:
63.            print("输入不合法，请重新输入")
```

代码说明：

第 1~3 行代码——定义 Contact 类，声明 contacts_dict 字典和 total_amount 变量，用于存储联系人的信息及通讯录中的总人数。

第 4~5 行代码——定义 contact_menu()方法，用于打印输出菜单信息。

第 6~18 行代码——定义 add_contact()方法，用于从控制台获取姓名、电话、邮件、地址、生日等信息写入到字典中，并将通讯录中的总数加 1。

第 19~27 行代码——定义 delete_contact ()方法，用于根据姓名删除用户信息，如果该用户名不存在，则输出此人不在通讯录中。

第 28~33 行代码——定义 search_contact ()方法，用于根据姓名检索联系人信息。

第 34~47 行代码——定义 modify_contact()方法，用于根据姓名修改联系人信息。

第 48~63 行代码——实例化类的对象，根据用户输入，调用相应方法，完成具体功能。

运行程序，其运行主界面如下：

```
欢迎使用简易通讯录管理系统，系统提供以下功能：1：添加联系人 2：删除联系人 3：修改联系人
4：搜索联系人 5：退出通讯录
请选择功能：输入对应的数字
```

7.6.2　员工薪资管理系统

1. 项目介绍

如图 7-13 所示，描述了公司员工之间的层次关系，get_salary(month)方法用来描述不同员工的薪资的计算方式。其中各类说明如下：

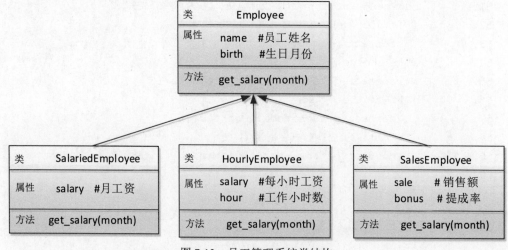

图 7-13　员工管理系统类结构

（1）Employee 类是所有员工的父类。属性包括员工姓名（name）和员工生日月份（birth）；方法 get_salary(month) 根据月份来确定工资，如果该月员工过生日，则公司会额外奖励 500 元。

（2）SalariedEmployee 类是 Employee 的子类，为拿固定工资的员工。属性为月薪（salary）；方法 get_salary(month) 根据月份来确定工资。

（3）HourlyEmployee 类是 Employee 的子类，为按小时拿工资的员工。属性为每小时工资（salary）和每月工作小时数（hour）；方法 get_salary(month) 根据工作小时数来确定工资，每月工作超出 160 小时的部分按照 3 倍工资发放。

（4）SalesEmployee 类是 Employee 的子类，为公司销售人员。属性包括销售额（sale）和提成率（bonus）；方法 get_salary(month)根据月销售额和提成率来确定工资。

利用父类引用子类对象，实现类的多态，并打印不同人员的薪资信息。

2. 学习目标

（1）掌握面向对象的继承机制。

（2）掌握面向对象的多态机制。

（3）熟练使用继承和多态解决具体领域问题。

3. 项目解析

首先定义基类 Employee，以及基类对象的属性与方法；然后分别定义 SalariedEmployee、HourlyEmployee、SalesEmployee 3 个派生类对象；最后使用基类实例化派生类对象，从而实现多态机制。

4. 代码清单

本项目的代码清单如下：

```
1.   class Employee:
2.      def __init__(self,name='',birth=''):
3.          self.name = name
4.          self.birth = birth
5.      def get_salary(self,month):
6.          if self.birth==month:
7.              return 500
8.          else:
9.              return 0
10.  class SalariedEmployee(Employee):
11.     def __init__(self,name,birth,salary):
12.         Employee.__init__(self,name,birth)
13.         self.salary = salary
14.     def get_salary(self,month):
15.         return self.salary+super().get_salary(month)
16.
17.  class HourlyEmployee(Employee):
18.     def __init__(self,name,birth,hour,salary):
19.         Employee.__init__(self,name,birth)
20.         self.salary = salary
21.         self.hour = hour
22.     def get_salary(self,month):
23.         if(self.hour>160):
24.             return self.salary * 160 + (self.hour - 160) * self.salary
     * 3+super().get_salary(month)
25.         else:
26.             return self.salary*self.hour
```

```
27. class SalesEmployee(Employee):
28.    def __init__(self,name,birth,sale,bonus):
29.        Employee.__init__(self,name,birth)
30.        self.sale = sale
31.        self.bonus = bonus
32.    def get_salary(self,month):
33.            return super().get_salary(month)+self.sale*self.bonus
34.
35. employee = Employee()
36. employee = SalariedEmployee("王晓静",2, 8500)
37. w_salary=employee.get_salary(2)
38. print("王晓静 2 月份的工资为:",w_salary)
39. employee = HourlyEmployee("张大千",5,170,50)
40. z_salary=employee.get_salary(5)
41. print("张大千 5 月份的工资为:",z_salary)
42. employee = SalesEmployee("刘小英",10,300000,0.3)
43. m_salary=employee.get_salary(6)
44. print("刘小英 6 月份的工资为:",m_salary)
```

代码说明：

第 1～9 行代码——定义 Employee 基类,并定义了构造方法初始化类的实例属性 name 和 birth，方法 get_salary(month)根据月份来确定工资，如果该月员工过生日，则公司会额外奖励 500 元。

第 10～15 行代码——定义 SalariedEmployee 派生类,并定义了构造方法初始化基类和派生类的实例属性，方法 get_Salary(month) 根据月份来确定工资。

第 17～26 行代码——定义 HourlyEmployee 派生类，并定义了构造方法初始化基类和派生类的实例属性，方法 get_Salary(month) 根据工作小时数来确定工资，每月工作超出 160 小时的部分按照 3 倍工资发放。

地 27～33 行代码——定义 SalesEmployee 派生类，并定义了构造方法初始化基类和派生类的实例属性，方法 get_salary（month）根据月销售额和提成率来确定工资。

第 35～44 行代码——用父类引用不同的子类，根据同一类对象引用指针的不同，在程序执行过程中调用子类的不同方法。

运行程序，其输出结果如下：

```
王晓静 2 月份的工资为：9000
张大千 5 月份的工资为：10000
刘小英 6 月份的工资为：90000.0
```

7.7　本章小结

本章主要介绍了 Python 面向对象的编程思想，首先讲解了类与对象的概念及关系、对象的创建、对象的 self 参数、类的实例属性与类属性、类的构造方法、析构方法、类方法、静态方法等内容；然后阐述了类的单继承、多继承以及多态机制；最后通过实践应用使读者对面向对象的程序设计思想有更深入的理解。

本 章 习 题

一、选择题

1. 以下不属于面向对象程序设计特征的是（　　　）。

A. 封装　　　　　　　　B. 继承

C. 多态　　　　　　　　D. 抽象

2. 以下关于类和对象的叙述，不正确的是（　　　）。

A. 类和对象是面向对象程序设计的核心

B. 对象是现实世界中的个体，它是类的实例

C. 类和对象的关系是一般和特殊的关系

D. 在使用类之前不需要实例化

3. 以下关于 self 关键字的叙述，正确的是（　　　）。

A. self 可有可无，它的参数位置也不确定

B. self 是可以修改的

C. self 代表当前对象的地址

D. self 不是关键词，也不用赋值

4. 构造方法的作用是（　　　）。

A. 类的初始化　　　　　B. 对象的初始化

C. 创建对象　　　　　　D. 销毁对象

5. 构造方法是一种特殊的方法，在 Python 中构造方法的名称是（　　　）。

A. construtor　　　　　　B. init

C. __init__　　　　　　　D. __del__

6. 以下关于在 Python 中定义私有属性的说法，不正确的是（　　　）。

A. 可以用双下画线的方法表示

B. 私有化之后外部就不能访问

C．私有化后可以在类的内部访问

D．双下画线用于避免与子类中的属性命名冲突

7．在下列选项中，属于类方法的标识的是（　　　）。

A．@staticmethod　　　　　　　B．@classmehod

C．@privatemethod　　　　　　　D．@Classmethod

8．在类的继承中，子类不能从父类中继承的是（　　　）。

A．__init__ 函数　　　　　　　　B．getName 函数

C．name 属性　　　　　　　　　D．__password__ 属性

9．C 类同时继承 A 类和 B 类，以下格式正确的是（　　　）。

A．class C extends A,B　　　　　B．class C extends(A:B)

C．class C(A,B)　　　　　　　　D．class C(A:B)

10．A 的子类有 B、C，而 B 的子类有 D、E，E 的子类有 F。下面不属于 F 的父类的是（　　　）。

A．A　　　　　　　　　　　　B．B

C．C　　　　　　　　　　　　D．E

二、填空题

1．面向对象程序设计的三大特征是_____、_____和_____。

2．一个类由三部分组成，分别是_____、_____和_____。

3．定义类的关键字是_____。

4．在类的实例方法中，每个方法名都必须绑定_____参数。

5．在类的属性中，_____属性可以通过类名访问，_____属性通过对象名访问。

6．_____方法初始化类的对象，_____方法释放对象内存空间。

7．Python 既支持单继承，又支持_____继承。

8．类方法是类拥有的方法，使用修饰符_____来标识。

三、程序分析

1．分析以下程序，在空白处分别应该填入的代码是_____和_____。

```
class Student:
    def __init__(self, name, age):
        self.name = _____      #实例属性
        self.age = '_____      #实例属性
```

```
    def output(self):                       #实例方法
        print self.name
        print self.age
```

2. 分析以下程序，输出结果为_____。

```
class Box:
    def __init__(self,length,width,height):
        self.length=length
        self.height=height
        self.width =width
    def showVolume(self)
        result=length*height*length
        print("长方体的体积为:%d"%result)
box=Box(10,20,30)
box.showVolume()
```

3. 分析以下程序，输出结果为_____。

```
class parent:
    def __init__(self,username):
        self.username=username
class Child(parent):
    def __init__(self,username,sex)
        parent.__init__(self,username)
        self.sex-sex
child=Child('张三',26)
print("%s,%d"%(child.username,child.age))
```

4. 分析以下程序，输出结果为_____。

```
class Employee:
    def __init__(self,name='',birth=''):
        self.name = name
        self.birth = birth
    def get_salary(self,month):
        if self.birth==month:
            return 100
        else:
            return 0
class SalariedEmployee(Employee):
    def __init__(self,name,birth,salary):
        Employee.__init__(self,name,birth)
        self.salary = salary
    def get_salary(self,month):
```

```
        return self.salary+super().get_salary(month)
employee = Employee()
employee = SalariedEmployee("王晓静",2, 8500)
w_salary=employee.get_salary(2)
print("王晓静 2 月份的工资为:",w_salary)
```

四、判断题

1. 在面向对象编程中，以类来构造现实世界中的事物情景。（   ）
2. 静态方法既可以通过类名访问，也可以通过对象访问。（   ）
3. 构造方法的主要作用是用来初始化类的对象。（   ）
4. 析构方法的主要作用是释放类对象的存储空间。（   ）
5. 在方法声明中，self 参数表示当前类的对象。（   ）
6. 在类的继承中，子类既可以继承父类的方法，也可以重写父类的方法。（   ）
7. 在类的继承中，子类可以继承父类的所有属性和方法。（   ）
8. 多态的实质是将父对象设置成与一个或多个它的子对象的引用，通过同一种方式可以调用不同子类的对象。（   ）

五、简答题

1. 简述面向对象程序设计的特征。
2. 简述类与对象的区别与联系。
3. 简述默认构造方法与有参构造方法。
4. 简述实例方法、类方法、静态方法的区别。
5. 简述单继承和多继承的区别。
6. 简述类的重写与多态机制。

六、编程题

1. 编写程序，定义一个学生类（Student），属性包括姓名（name）、年龄（age）、成绩（course，包含语文、数学、外语的元组）。使用 get_name() 方法获取学生的姓名；使用 get_age() 方法获取学生的年龄，返回值为 int 类型；使用 get_course()方法返回 3 门科目中的最高分数，返回值为 int 类型。写好类以后用 stu=Student('xiaofang',23,(77,89,97))测试，并输出结果。

2. 创建一个餐馆类（Restaurant）。该类有 3 个属性，分别是餐馆名称（restaurant_name）、餐馆地址（restaurant_address）以及布尔变量是否营业中（is_open）。定义两个方法分别是describle()（描述餐馆名称和位置信息）和 isopen()（描述餐馆是否营业中）。

3．定义一个长方体类（Rantangle），其属性包括长（height）、宽（width）与高（height），并定义方法显示长方体的表面积（showArea()）与体积(showVolume())；创建两个长方体对象，为对象的属性赋值，调用对象的两个方法输出表面积和体积。

4．根据图 7-14 所示的继承关系，实现类的继承，并通过派生类的对象调用基类和派生类的方法，打印输出。

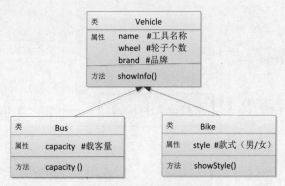

图 7-14 车的继承关系

5．根据图 7-15 所示的继承关系，实现父类方法的重写，其中：

（1）Animal 类是所有动物的父类。属性包括动物名（name）和动物脚的数量（legs）；方法 showInfo()输出动物名与脚的数量。

（2）Dog 类是 Employee 的子类，描述狗的特性。属性为狗的颜色（color）；方法 showInfo () 输出狗的颜色，并使用 super 关键字调用父类的方法。

（3）Duck 类是 Employee 的子类，描述鸭子的特性。属性为鸭子的重量（weight）；方法 showInfo () 输出鸭子的重量，并使用 super 关键字调用父类的方法。

分别利用 Dog 和 Duck 类的对象，调用 showInfo()方法输出。

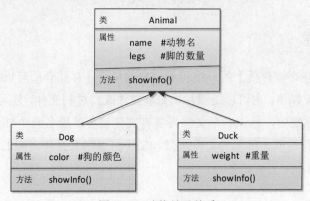

图 7-15　动物继承关系

第 8 章 Python 文件与异常

1．知识图谱

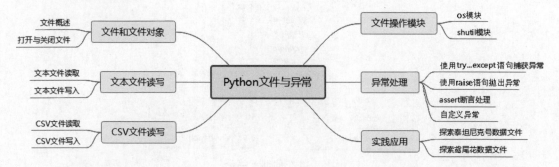

2．教学目标

（1）熟悉文件格式以及文件的打开、关闭等操作方法。

（2）掌握文本文件及 CSV 文件的读取和写入机制。

（3）使用相关模块创建、查询、删除、移动、复制、压缩和解压缩文件/文件夹。

（4）熟练捕获程序中的各种异常。

（5）能够自定义异常解决实际问题。

8.1   文件和文件对象

8.1.1   文件概述

文件是指记录在存储介质上的一组相关信息的集合，存储介质可以是计算机磁盘、光盘、U 盘或其他电子媒体，也可以是照片、文本文件或二进制文件，还可以是它们的组合。在 Windows 操作系统中，标识一个文件需要有文件名和扩展名两个部分，扩展名由小圆点加上 1～3 个字符组成。常见的文件类型、文件扩展名及文件对应的打开方式如表 8-1 所示。

表 8-1　常见的文件类型、扩展名及打开方式

文 件 类 型	扩 展 名	打 开 方 式
文档文件	.txt	可用所有的文字处理软件或编辑器打开
	.doc、docx	可用 Microsoft Word 或 WPS 等软件打开
	.html	可用浏览器打开预览，或用"写字板"程序查看源码
	.pdf	可用各种电子阅读软件打开
压缩文件	.rar	使用 WinRAR、Zip 打开
	.zip	使用 WinRAR、Zip 打开
	.gz	Linux 的压缩文件，使用 WinRAR、Zip 打开
图像文件	.bmp、.gif、.jpg、.pic、.png	可用常见的图像处理软件打开
声音文件	.wmv	可用媒体播放器打开
	.mp3	可用 mp3 媒体播放器打开

8.1.2　打开与关闭文件

1. 打开文件

在读文件之前，必须首先打开文件，在 Python 中，使用内置函数打开文件对象，其语法格式如下：

```
f=open(file,mode="r")
```

其中，file 是指要打开的文件的路径，如果读取的文件不存在，或者在当前工作路径下找不到要读取的文件，open()函数就会抛出一个 IOError 异常，并且给出错误码和详细的信息以说明文件不存在。mode 指定文件打开的模式，如果使用 open()函数打开文件时，只传入了一个参数，那么只能读取文件，而不能向文件中写数据。如果要向文件中写入数据，必须指明文件的访问模式。在 Python 中常见的文件访问模式如表 8-2 所示。

表 8-2　常见文件访问模式

访 问 模 式	说　　明
r	默认模式，以只读方式打开文件，文件指针会放在文件的开头
w	以写入方式打开文件，如果文件存在则覆盖；如果不存在则新建
a	以追加方式打开文件，如果文件存在则文件指针会放在文件的末尾；如果文件不存在则新建
rb	以二进制的形式打开只读文件，文件指针会放在文件的开头
wb	以写入方式打开文件，如果文件存在则覆盖；如果不存在则新建

续表

访问模式	说　　明
r+	以读写方式打开文件，如果文件存在则覆盖；如果不存在则新建
w+	以读写方式打开文件，如果文件存在则覆盖；如果不存在则新建
a+	以读写方式打开文件，如果文件存在则文件指针会放在文件的末尾；如果不存在则新建

2. 关闭文件

凡是打开的文件，在文件读写操作完成后，都需要调用 close()函数关闭文件，以释放文件所占用的资源。在文件读写的过程中，文件对象会占用操作系统的资源，并且操作系统同一时间能打开的文件数量也是有限的，如果打开的文件对象过多，可能引起系统崩溃，导致文件中的数据没有保存或丢失。关闭文件的代码如下：

```
f=open('user.txt',mode="w")        #打开文件
f.close()                          #关闭文件
```

8.2　文本文件读写

8.2.1　文本文件读取

文本文件格式是一种由若干行字符构成的计算机文件。利用 Python 语言读取文本文件时，可以一次性读取整个文件，也可以逐行地读取文件内容。在读取文件时，需要注意输入正确的文件保存路径。读取文件的操作流程如图 8-1 所示。

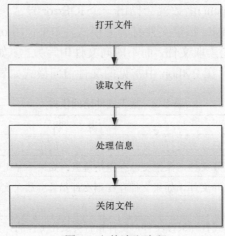

图 8-1 文件读取流程

Python 提供了两种方法来读取文件，下面分别进行介绍。

1. 使用 read()函数读取整个文件

read()函数可以从文件中读取数据，该函数的语法格式如下：

```
read(size)
```

在上述函数中，size 表示从文件中读取的数据的长度，单位为字节。如果没有指定 size，那么就表示从文件中读取全部数据。需要注意的是，在文件读取的过程中，一旦程序抛出 IOError 错误，后面的 close()函数将不会被调用。所以在程序运行过程中，无论是否出错，都要确保能正常关闭文件，可以使用 try...finally 结构实现，具体形式如下：

```
try:
  f = open('user.txt', 'r')
  content = f.read()
finally:
  if f:
    f.close()
```

上述代码虽然能保证每次文件处理完成之后能够正确关闭文件，但是每次都这样写比较麻烦。Python 提供了更加优雅简短的语法，即使用 with 语句可以很好地处理上下文环境产生的异常，并且会自动调用 close()函数。其语法格式如下：

```
with open('e_point.txt', 'r') as f:
    content=f.read()
```

with 语句的使用效果与上文的 try...finally 结构一致，但代码更为简洁，且不必调用 close()函数，是我们在读取文件过程中所推荐的格式。

【任务 8-1】使用 read()函数以只读模式读取当前项目目录下的 info.txt 文件，并使用 print()函数输出读取的数据内容。

```
1.   with open('info.txt', 'r',encoding="utf-8") as f:
2.       content=f.read()
3.       print(content)
```

代码说明：

第 1 行代码——使用 with 语句打开当前项目目录下的 info.txt 文件，文件编码方式为 utf-8。

第 2 行代码——使用 read()函数读取该文件的所有内容。

第 3 行代码——使用 print()函数输出文件的内容。

运行程序，其输出结果如下：

```
I love Python Lanuage!
Python is very Simple!
Study Python make me happy!
```

2. 使用 readlines()函数读取文件

如果文件的内容比较少，则可以使用 readlines()函数把整个文件的内容一次性读取到内存中，该函数会返回一个列表，列表中的每一个元素是文件中的一行数据。要检查其中的每一行，可以使用 for 循环进行遍历。

【**任务 8-2**】修改任务 8-1，使用 readlines()函数读取文件，利用 for 循环遍历每行文本，并输出每行文本的内容。

```
1.   with open('info.txt', 'r',encoding="utf-8") as f:
2.       content=f.readlines()
3.       for item in content:
4.           print(item)
```

代码说明：

第 1 行代码——使用 with 语句打开当前项目目录下的 info.txt 文件，文件编码方式为 utf-8。

第 2 行代码——使用 readlines()函数读取文件的所有内容，并返回列表，列表中的每一项是文件中的每一行。

第 3~4 行代码——使用 for 循环遍历文件中的每一行，并输出每一行的内容。

运行程序，其输出结果如下：

```
I love Python Lanuage!

Python is very Simple!

Study Python make me happy!
```

8.2.2　文本文件写入

向文件中写入数据，需要使用 write()函数来完成，使用该函数操作文件时，每调用一次 write()函数，写入的数据就会追加到文件的末尾，该函数的语法格式如下：

```
f.write(content)
```

上述操作是将 content 所代表的内容写入 f 文件中。在文件写入之前需要打开文件、对写入的数据进行处理，写入完成之后关闭文件。文件写入的操作流程如图 8-2 所示。

图 8-2　文件写入流程

1. 写入文件

在 Python 的 open ()函数中，可使用标识符指定文件的打开模式，如果需要将数据写入文件，只需要将标识符设置为写入模式（w）即可。如果要写入的文件不存在，那么 open()函数将自动创建文件。需要注意的是，如果文件已经存在，那么以写入模式写入文件时会先清空该文件。

【任务 8-3】创建一个文件，并在文件中写入文本字符串。其要求如下：

（1）在程序中，使用 open()函数以写入模式创建名称为 data.txt 的文件。

（2）使用 input()函数获取控制台输入的字符串，并将该字符串写入文件。

（3）写入完成后，使用 close()函数关闭该文件。

```
1.  f= open("data.txt","w")
2.  str =input("请输入一个字符串:")
3.  f.write(str)
4.  f.close()
```

代码说明：

第 1 行代码——以写入模式新建 data.txt 文件。

第 2 行代码——从控制台输入一个字符串，赋给 str 变量。

第 3 行代码——将 str 字符串的内容写入文件中。

第 4 行代码——写入完成后，关闭文件。

需要注意的是，当写入多行数据的时候，write()函数不会自动添加换行符号，此时会出现几行数据挤在一起的情况，为了将行与行数据进行区分，需要在 write 语句内添加换行符号（\n）。

2. 文件内容追加

在实际应用过程中，可能需要给文件添加内容，但不覆盖文件原内容，这时需要以追加模式（a）打开文件，此时写入的内容会追加到文件末尾，而不会覆盖原内容。

【任务 8-4】打开 data.txt 文件，以追加方式写入文本数据。其要求如下：

（1）在程序中，使用 open()函数以追加模式打开 data.txt 文件。

（2）循环使用 input()函数获取控制台输入的 3 个字符串，分别追加到文件的末尾。

（3）写入完成后，使用 close()函数关闭文件。

```
1.   f= open("data.txt","a")
2.   for i in range(3):
3.       str =input("请输入一个字符串:")
4.       f.write(str+"\n")
5.   f.close()
```

代码说明：

第 1 行代码——以追加模式打开 data.txt 文件。

第 2 行代码——使用 range()函数循环语句。

第 3～4 行代码——在每次循环过程中，使用 input()函数获取从控制台输入的字符串，将字符串的内容追加到文件的末尾。

第 5 行代码——写入完成后，关闭文件。

8.3　CSV 文件读写

8.3.1　CSV 文件读取

逗号分隔值（Comma-Separated Values，CSV）有时也称为字符分隔值，是一种通用的、相对简单的文件格式，常常用于在程序之间转移表格数据。CSV 文件由任意数目的记录组成，记录间以某种换行符分隔，每条记录由字段组成，字段间的分隔符是其他字符或字符串，最常见的分隔符是逗号或制表符。在 Python 中提供了 csv 模块，在程序中使用 import csv 可直接导入 csv 模块进行 CSV 文件的读写。

读取 CSV 文件的方法有两种。第 1 种是使用 csv.reader()函数，该函数接收一个可迭代的对象，返回一个生成器，可从其中解析出 CSV 每一行的内容。该读取方式的流程如下：

```
with open(filepath,mode='r') as f:
    reader = csv.reader(f)
    for row in reader:
      print(row)
```

第 2 种方法是使用 csv.DictReader() 函数，该函数与 csv.reader() 函数类似，接收一个可迭代的对象，返回一个生成器，但是返回的每一个单元格都放在一个字典的值内，而字典的键则是这个单元格的标题（即列头）。该读取方式的流程如下：

```
with open(filepath,mode='r') as f:
  reader = csv. DictReader(f)
    for row in reader:
      print(row['id'],row['class'])
```

【任务 8-5】iris 即鸢尾花数据集，是人工智能应用常用的实验数据集，该数据集包含 150 个样本，共 3 个分类（setosa、versicolour、virginica），每个分类 50 个样本，每个样本包含 4 个属性——Sepal.Length（花萼长度）、Sepal.Width（花萼宽度）、Petal.Length（花瓣长度）和 Petal.Width（花瓣宽度）。使用 csv.DictReader()函数读取本地目录下的 iris 数据集，并输出每个属性的值。

```
1.  import csv
2.  filename ="iris.csv"
3.  with open(filename, 'r') as f:
4.    csv_reader= csv.DictReader(f)
5.    for iris_item in csv_reader:
6.        print("花萼长度:%s,花萼宽度:%s,花瓣长度:%s,花瓣宽度:%s"
    %(iris_item["Sepal.Length"],iris_item["Sepal.Width"],iris_item
    ["Petal. Length"],iris_item["Petal.Width"]))
```

代码说明：

第 1~2 行代码——导入 csv 模块以及要读取的文件。

第 3 行代码——以只读方式打开文件。

第 4 行代码——创建一个文件读取的字典对象。

第 5 行代码——迭代文件中的每一行，并输出每一行的数据。

运行程序，其部分运行结果如下：

```
花萼长度:5.1,花萼宽度:3.5,花瓣长度:1.4,花瓣宽度:0.2
花萼长度:4.9,花萼宽度:3,花瓣长度:1.4,花瓣宽度:0.2
花萼长度:4.7,花萼宽度:3.2,花瓣长度:1.3,花瓣宽度:0.2
花萼长度:4.6,花萼宽度:3.1,花瓣长度:1.5,花瓣宽度:0.2
```

8.3.2　CSV 文件写入

对于 CSV 列表形式数据的写入，除了使用 csv.writer()函数外，还需要调用 writerow()
函数进行逐行写入，其基本代码格式如下：

```
with open(filename, 'w', newline = '') as f:
   write_csv = csv.writer(f)
   write_csv.writerow(content)
```

上述代码首先以写入方式打开文件，然后调用 csv.writer()函数，使用 writerow()函数进
行逐行写入，参数 newline="表示可以选择空行。

对于字典形式的数据，csv 模块提供了 csv.DictWriter()函数，首先通过 writeheader() 函
数在文件内添加标题，标题内容与键一致，然后使用 writerow() 函数将字典内容写入文件。
使用 csv.DictWriter()函数进行数据写入的基本代码格式如下：

```
Key={"title1,","title2","title3"}
with open(filename, 'w', newline = '') as f:
   write_csv = csv. DictWriter (f,key)
   write_csv .writeheader()
   write_csv.writerow(content)
```

【任务 8-6】以列表的形式产生 1～100 平方的数据集，将列表数据以列的形式使用
csv.writer ()函数写入 squares.csv 文件中。

```
1.   import csv
2.   squares= [value**2 for value in range(1,101,1)]
3.   filename="squares.cvs"
4.   with open(filename, 'w', newline = '') as f:
5.      writer_csv = csv.writer(f)
6.      for item in squares:
7.         writer_csv.writerow([str(item)])
```

代码说明：

第 1 行代码——导入 csv 模块。

第 2 行代码——产生一个列表，该列表中的值为 1～100 的平方。

第 4 行代码——使用 open()函数以写入的方式打开文件，默认在 open(file_name,'w')模
式下会有空行，后面添加参数 newline="即可选择空行。

第 5 行代码——创建文件写入对象。

第 6～7 行代码——调用 writerow()函数循环写入数据。

8.4　文件操作模块

8.4.1　os 模块

os 模块是 Python 标准库中的一个用于访问操作系统的模块，包含常见的操作系统功能，如查询、创建、删除文件及文件夹。os 模块中常见的文件和文件夹的操作函数如表 8-3 所示：

表 8-3　os 模块常见函数

函　　数	说　　明
os.rename(src,dst)	文件的重命名，src 为需要修改的文件名，dst 为修改后的文件名
os.remove(path)	删除文件，path 为文件的路径
os.mkdir(path)	创建文件夹，path 为文件夹的路径名
os.listdir(path)	查询指定目录下的文件及文件夹，path 为目录的路径名
os.rmdir(path)	删除指定目录下的文件夹，该文件夹下的所有文件将被删除
os.getcwd()	获得当前程序的目录

【任务 8-7】在当前目录下创建名为 python 的文件夹，输出该文件夹下的所有文件，并打印当前程序的目录。

```
1.  import os
2.  folder = os.mkdir("python")
3.  files = os.listdir(folder)
4.  for file in files:
5.      print(file)
6.  print("当前程序的目录为:",os.getcwd())
```

代码说明：

第 1 行代码——导入 os 模块。

第 2 行代码——在当前目录下创建 python 文件夹。

第 3 行代码——查找 python 下的所有文件。

第 4~5 行代码——使用 for 循环遍历查询 python 下的所有文件。

第 6 行代码——输出当前程序的目录。

当前程序的目录为：D:\WorkPlace\pythonWork\pythonStudy\chapter08

8.4.2　shutil 模块

shutil 模块是对 os 模块中文件操作的补充，是 Python 自带的关于文件、文件夹、压缩文件的高层次的操作工具，类似于高级 API。shutil 模块不仅提供了创建文件、查询文件、删除文件属性的操作功能，而且还提供了移动、复制、压缩、解压缩文件及文件夹等操作功能。shutil 模块常见的文件操作函数如表 8-4 所示。

表 8-4　shutil 模块常见函数

函　　数	说　　明
shutil.move(src,dst)	移动文件或文件夹，src 为需要移动的文件或文件夹路径，dst 为移动后的文件或文件夹路径
shutil.copyfile(src,dst)	文件内容复制，可以从 src 复制文件内容到 dst 文件，dst 必须是完整的目标文件名
shutil.make_archive(base_name, format)	压缩文件，base_name 为压缩的文件名，format 是压缩的格式，可以是 zip、rar、tar 等
shutil.unpack_archive(base_name)	解压缩文件，base_name 为需要解压缩的文件名

【任务 8-8】对当前程序目录下的文件进行如下操作：

（1）复制 data.txt 的内容到当前程序目录下的 copy.txt 中。

（2）移动 copy.txt 文件到 D 盘的根目录中。

（3）将 D 盘根目录下的 copy.txt 文件压缩为 copy.zip。

```
1.  import shutil
2.  shutil.copyfile('data.txt', 'copy.txt')
3.  shutil.move('copy.txt','d:\\copy.txt')
4.  shutil.make_archive('d:\\copy', "zip")
```

代码说明：

第 1 行代码——导入 shutil 模块。

第 2 行代码——使用 copyfile()函数将 data.txt 内容复制到 copy.txt.

第 3 行代码——使用 move()函数将文件移动到 D 盘根目录下。

第 4 行代码——使用 make_archive()函数将文件压缩为 zip 文件。

8.5　异　常　处　理

在 Python 中，程序执行过程中的错误称为异常，如列表索引越界、打开不存在的文件、除数等于零等。这些异常可能是程序设计本身的错误造成的，对于这些异常，程序都必须能够识别和处理，否则可能造成程序的崩溃。所有的异常都是 Exception 的子类，该类定义在 exceptions 模块中，该模块属于 Python 本身自带的模块，不需要导入就可以直接使用。Python 常见的异常类如表 8-5 所示。

表 8-5　Python 常见的异常类

异　常　类	触　发　条　件
NameError	尝试访问一个不存在的变量时，会触发 NameError
ZeroDivisionError	当除数为零时，会触发 ZeroDivisionError
SyntaxError	当解释器发现语法错误时，会触发 SyntaxError
IndexError	当使用序列中不存在的索引时，会触发 IndexError
KeyError	当使用字典中不存在的键访问值时，会触发 KeyError
FileNotFoundError	当试图打开不存在的文件时，会触发 FileNotFoundError

8.5.1　使用 try...except 语句捕获异常

读写文件时，常常会因为文件找不到，或打开文件的模式不正确等，造成程序出现异常，如果不进行异常保护和处理，很容易使程序崩溃，让用户无法接受。异常处理不仅仅局限于处理文件，程序中发生的任何异常都可以进行这种处理。Python 中使用 try...except 语句捕获处理异常，其中 try 语句用于检测异常，except 语句用于捕获异常，一旦检测到异常则进行异常处理。使用 try...except 捕获异常的操作流程如图 8-3 所示。

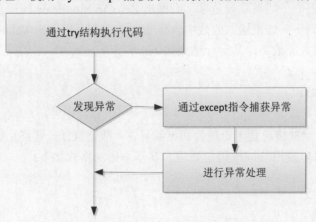

图 8-3　使用 try...except 捕获异常操作流程

从图 8-3 可以看出，try...except 语句实际上就是定义监控异常的一段代码，并且提供了异常的处理机制，当 try 里面的语句出现异常的时候，程序就不再执行 try 中的语句，而是根据异常类型执行 except 里面的处理异常语句。使用 try…except 的语法格式如下：

```
try:
    语句块
except 异常类型 1:
    异常处理代码
except 异常类型 2:
    异常处理代码
```

【任务 8-9】从控制台输入两个数，计算两个数的除法，并使用 try…except 捕获处理异常。

```
1.  try:
2.      first_number = input("请输入第 1 个数:")
3.      second_number= input("请输入第 2 个数:")
4.      result = (int(first_number)/int(second_number))
5.      print("执行结果为:",result)
6.  except ZeroDivisionError:
7.      print("除数不能为零")
8.  except ValueError:
9.      print("输入必须为数字")
```

代码说明：

第 1 行代码——使用 try 关键字捕获程序中可能出现的异常。

第 2~5 行代码——从控制台输入两个数，使用除法获得计算结果。

第 6~7 行代码——如果除数是零，则抛出 ZeroDivisionError 异常。

第 8~9 行代码——如果输入的数中含有非数字字符，则抛出 ValueError 异常。

运行程序，输入非数字，其运行结果如下：

```
请输入第 1 个数:23
请输入第 2 个数:r
输入必须为数字
```

在程序中，有一种情况是无论是否捕捉到异常，都要执行一些终止行为，如关闭文件、释放锁等，这时可以使用 finally 语句处理。其基本语法格式如下：

```
try:
    语句块
except 异常类型 1:
    异常处理代码
except 异常类型 2:
异常处理代码
finally:
```

最后必须处理的代码

在上述格式中，正常执行的程序在 try 语句块中执行，在执行过程中如果发生了异常，则需要中断当前 try 语句的执行，然后跳转到对应的异常处理模块中执行，查找顺序如下：

Python 会从第一个 except 处开始查找，如果找到对应的异常类型，则进入其提供的 except 块中进行处理；如果没有找到，则直接进入不带异常类型的 except 块处进行处理；如果没有找到，则这个异常会交给 Python 进行默认处理，处理方式则是终止应用程序，并打印错误信息。无论程序是否发生了异常，只要提供了 finally 语句，程序执行的最后一步总是执行 finally 对应的代码块。

8.5.2　使用 raise 语句抛出异常

Python 允许程序自行引发异常，自行引发异常使用 raise 语句来完成。raise 语句有以下 3 种常见的格式：

```
raise 异常类
raise 异常类对象
raise
```

在上述格式中，第 1 种和第 2 种方式是对等的，都会触发指定异常类对象，但是第 1 种方式隐式创建了异常类的实例，而第 2 种方式直接显式创建一个异常类的实例，第 3 种方式引发当前上下文中捕获的异常（例如在 except 块中），或引发默认 RuntimeError 异常。

【任务 8-10】定义一个函数，用于计算学生的平均成绩，其具体要求如下：

（1）函数名为 average(scores)，其中 scores 接收的是一个元组，存储表示每科成绩。

（2）在计算总成绩时，如果某科成绩小于 0 时，使用 raise 语句抛出 ArithmeticError 异常。

```
1.  def average(scores):
2.      sum=0
3.      for item in scores:
4.          if item<0:
5.              raise ArithmeticError(str(item))
6.          sum+=item
7.      return sum/len(scores)
8.  if __name__ == "__main__":
9.      data=(78.5,33,79,88)
10.     print("平均成绩:",average(data))
11.     data = (88,79,-1,78)
12.     print("平均成绩:",average(data))
```

代码说明：

第 1～7 行代码——定义函数 average()，该函数接收一个元组。在函数体中，循环元组中的每一科成绩，如果成绩小于 0，则使用 raise 语句抛出异常，否则计算每科成绩之和，并计算平均成绩。

第 8～12 行代码——定义 main 函数，在该函数中定义两个元组，并输出平均成绩，由于第 2 个元组中有负值，所以会抛出异常。

运行程序，其运行结果如下：

```
平均成绩: 69.625
Traceback (most recent call last):
File "D:/WorkPlace/pythonWork/pythonStudy/chapter08/raise_demo.py", line
5, in average
    raise ArithmeticError(str(item))
ArithmeticError: -1
```

8.5.3　assert 断言处理

编写程序时，在调试阶段往往需要跟踪代码执行过程以及变量值的变化等信息，断言的主要功能是帮助程序员调试程序，以保证程序运行的准确性。在 Python 中使用关键字 assert 可以声明断言，断言的声明包括以下两种形式：

```
assert 布尔表达式
assert 布尔表达式,字符串表达式
```

其中，布尔表达式的结果是一个布尔值（True 或 False），字符串表达式是断言失败时输出的信息。在调试模式下，如果布尔表达式的结果为 False，则抛出 AssertionError 异常。

【任务 8-11】使用 input()函数接收两个数，并做如下处理：

（1）如果除数等于 0，使用 assert 断言输出"除数不能为 0"。

（2）如果除数不等于 0，输出除法运算结果。

```
1.  first_number = int(input("请输入第 1 个数:"))
2.  second_number= int(input("请输入第 2 个数:"))
3.  assert second_number!=0,'除数不能为 0'
4.  print("除法运算的结果是:",first_number/second_number)
```

代码说明：

第 1～2 行代码——使用 input()函数获取控制台输入的数值。

第 3～4 行代码——如果除数等于 0，则抛出字符串"除数不能为 0"，否则输出除法运算结果。

运行程序，分别输入 5 和 0，则程序运行结果如下：

```
请输入第 1 个数:5
请输入第 2 个数:0
Traceback (most recent call last):
  File "D:/WorkPlace/pythonWork/pythonStudy/chapter08/assert_demo.py",
line 3, in <module>
    assert second_number!=0,'除数不能为 0'
```

8.5.4　自定义异常

虽然在 Python 库中提供了许多异常类，但是在程序开发过程中，有时候需要定义特定于应用程序的异常类，表示应用程序的一些特定错误信息，例如用户在注册账号时需要限定用户名、密码等信息的类型和字节数，此时可以使用自定义异常类解决此类问题。

自定义异常类一般继承自 Exception 类或其子类。当创建一个继承自 Exception 的类时，该类就是一个自定义异常类，当程序遇到自己设定的错误时，可以使用 raise 语句抛出异常。

【任务 8-12】自定义一个 CheckLengthException 异常类，该类能够对输入的密码进行验证，当输入的字符串长度小于 5 时，抛出异常。

```
1.  class CheckLengthException(Exception):
2.    def __init__(self,length,minLength):
3.        self.length= length
4.        self.minLength = minLength
5.  try:
6.    text = input("请输入一个密码:");
7.    if len(text)<5:
8.        raise CheckLengthException(len(text),5)
9.  except CheckLengthException as result:
10.    print("输入的字符串长度是:%d,长度至少为:%d"%(result.length,result.
    minLength))
```

代码说明：

第 1～4 行代码——定义了继承自 Exception 的类 CheckLengthException，作为一个异常类使用，该类有两个数据成员即输入的字符串长度和字符串输入的最小长度。

第 5～8 行代码——若用户输入的密码长度小于 5，则抛出 CheckLengthException 异常。

第 9～10 行代码——except 语句用于捕获异常，若捕获到 CheckLengthException 异常，则说明用户输入的密码长度不够，则抛出异常信息。

运行程序，输入 1234，则运行结果如下：

```
请输入一个密码:1234
输入的字符串长度是:4,长度至少为:5
```

8.6　实　践　应　用

8.6.1　探索泰坦尼克号数据文件

1. 项目介绍

泰坦尼克号沉船事件是历史上最为惨痛的海上事故之一，1912 年 4 月 15 日，泰坦尼克号撞上一座冰山后沉没，2224 名乘客和机组人员中，有 1502 人不幸罹难。在该数据集中每条数据有 13 个属性，每个属性的含义如表 8-6 所示。

表 8-6　数据的属性信息

变量名称	含义
Survived	生存情况，存活（1）或死亡（0）
Pclass	客舱等级（1=一级，2=二级，3=三级）
Name	乘客名字
Sex	乘客性别
Age	乘客年龄
SibSp	在船兄弟姐妹数/配偶数
Parch	在船父母数/子女数
Ticket	船票编号
Fare	船票价格
Cabin	客舱号
Embarked	登船港口（分别是 Cherbourg、Queenstown 和 Southampton）

编写泰克尼克号数据分析程序，要求如下：

（1）读取数据文件 Titianic.csv，计算输出所有乘客的生存率。

（2）输出船票编号为 347082 的乘客信息。

2. 学习目标

（1）掌握 CVS 文件的读写方法。

（2）掌握 Python 中百分数的表示方法。

（3）了解泰坦尼克号数据集。

3. 项目解析

首先利用 DictReader()函数读取 CSV 文件，然后使用 for…in 循环获得每一行元素，并根据属性判断条件是否满足，若满足则输出。

4. 代码清单

本项目的代码清单如下：

```
1.   import csv
2.   filename ="Titianic.csv"
3.   total_passenger=0
4.   survived_passenger=0
5.   with open(filename, 'r') as f:
6.       csv_reader= csv.DictReader(f)
7.       for item in csv_reader:
8.           total_passenger+=1
9.           if(item["Survived"]=='1'):
10.              survived_passenger+=1
11.          if(item["Ticket"]=='347082'):
12.              print(item)
13.  survived_rate = survived_passenger/total_passenger
14.  print("生存率为:%.2f%%"%(survived_rate*100)))
```

代码说明：

第 1～2 行代码——导入 csv 模块，并声明需要读取的文件。

第 3～4 行代码——声明两个变量，分别表示上船的总人数以及存活的人数。

第 5～6 行代码——使用 with 语句以只读方式打开文件，并创建文件读取 DictReader 对象。

第 7～12 行代码——遍历数据集中的每一条数据，返回一个字典。如果某位乘客存活，则 survived_passenger 的值加 1；如果乘客的船票号是 347082，则打印乘客信息。

第 13～14 行代码——计算生存率，并输出生存率百分比信息。

运行程序，其运行结果如下：

```
OrderedDict([('PassengerId', '611'), ('Survived', '0'), ('Pclass', '3'),
('Name', 'Andersson, Mrs. Anders Johan (Alfrida Konstantia Brogren)'),
('Sex', 'female'), ('Age', '39'), ('SibSp', '1'), ('Parch', '5'), ('Ticket',
'347082'), ('Fare', '31.275'), ('Cabin', ''), ('Embarked', 'S')])
OrderedDict([('PassengerId', '814'), ('Survived', '0'), ('Pclass', '3'),
('Name', 'Andersson, Miss. Ebba Iris Alfrida'), ('Sex', 'female'), ('Age',
'6'), ('SibSp', '4'), ('Parch', '2'), ('Ticket', '347082'), ('Fare',
'31.275'), ('Cabin', ''), ('Embarked', 'S')])
OrderedDict([('PassengerId', '851'), ('Survived', '0'), ('Pclass', '3'),
('Name', 'Andersson, Master. Sigvard Harald Elias'), ('Sex', 'male'), ('Age',
```

```
'4'), ('SibSp', '4'), ('Parch', '2'), ('Ticket', '347082'), ('Fare',
'31.275'), ('Cabin', ''), ('Embarked', 'S')])
生存率为:38.38%
```

8.6.2　探索鸢尾花数据文件

1. 项目介绍

鸢尾花数据集是由杰出的统计学家 R. A. Fisher 在 20 世纪 30 年代中期创建的，它是被公认为用于数据挖掘的最著名的数据集。鸢尾花有 3 个种类，分别是山鸢尾（setosa）、变色鸢尾（versicolor）和维吉尼亚鸢尾（virginica），每个种类各有 50 个样本，每个样本由 4 个属性组成，分别是 Sepal.Length（花萼长度）、Sepal.Width（花萼宽度）、Petal.Length（花瓣长度）和 Petal.Width（花瓣宽度）（单位：cm）。其数据集部分数据如表 8-7 所示。

表 8-7　鸢尾花数据集部分数据

Sepal.Length	Sepal.Width	Petal.Length	Petal.Width	Species
5.1	3.5	1.4	0.2	setosa
5.7	2.8	4.5	1.3	versicolor
6	2.7	5.1	1.6	virginica

编写鸢尾花数据分析程序，实现：

（1）统计数据集中山鸢尾的数目。

（2）计算变色鸢尾花萼宽度的平均值。

2. 学习目标：

（1）掌握 CSV 文件的读写方法。

（2）掌握 Python 中不同数据类型的转换方法。

（3）了解鸢尾花数据集的特性。

3. 项目解析

首先利用 DictReader()函数读取 CSV 文件，然后使用 for…in 循环获得每一行元素，并根据属性判断条件是否满足，若满足则进行相关运算。

4. 代码清单

本项目的代码清单如下：

```
1.   import csv
2.   filename ="iris.csv"
3.   setosa_count=0
4.   versicolor_count=0
5.   sepal_width=0
6.   with open(filename, 'r') as f:
7.       csv_reader= csv.DictReader(f)
8.       for item in csv_reader:
9.           if(item["Species"]=='setosa'):
10.              setosa_count = setosa_count+1
11.          if (item["Species"]=='versicolor'):
12.              sepal_width=sepal_width+float(item['Sepal.width'])
13.              versicolor_count=versicolor_count+1
14.      sepal_width=sepal_width/versicolor_count
15.  print("数据集中山鸢尾的数目为:{}".format(setosa_count))
16.  print("变色鸢尾花萼宽度的平均值为: %.2f"%sepal_width)
```

代码说明：

第 1～2 行代码——导入 csv 模块，并声明需要读取的文件。

第 3～5 行代码——声明 3 个变量，分别表示山鸢尾和变色鸢尾的数量以及变色鸢尾花萼宽度的均值。

第 6～7 行代码——使用 with 语句以只读方式打开文件，并创建文件读取 DictReader 对象。

第 8～13 行代码——遍历数据集中的每一条数据，返回一个字典。如果花的种类是山鸢尾，则 setosa_count 的值加 1；如果花的种类是变色鸢尾，则将花萼宽度相加，并将 versicolor_count 的值加 1。

第 14 行代码——计算数据集中变色鸢尾花萼宽度的平均值。

第 15～16 行代码——输出打印山鸢尾的数目与变色鸢尾花萼宽度的平均值。

运行程序，其运行结果如下：

```
数据集中山鸢尾的数目为:50
变色鸢尾花萼宽度的平均值为: 5.94
```

8.7　本 章 小 结

本章围绕文件操作以及异常处理进行展开。在文件操作部分，详细介绍了对文本文件、CSV 文件读写及遍历的基本方法，并通过实例例演示了 os 和 shutil 模块的基本功能；异常处理是保证程序健壮性的主要措施，主要包括使用 try…except 语句捕获异常、使用 raise 语句抛出异常以及利用 assert 断言异常。

本 章 习 题

一、选择题

1. 以下不属于 open()函数标识符可输入的参数是（　　　）。

A．r　　　　　　　　B．rb　　　　　　　C．w　　　　　　　D．a+

2. 打开一个已有文件，在文件末尾添加数据，正确的打开方式是（　　　）。

A．rB．rb C．w D．a+

3. 写入文本文件的数据类型必须是（　　　）。

A．数值型　　　　　B．浮点型　　　　　C．字符型　　　　　D．逻辑型

4. CSV 文件默认的分隔符是（　　　）。

A．逗号　　　　　　B．制表符　　　　　C．分号　　　　　　D．顿号

5. 利用 csv.DictReader()函数读取的数据存储类型是（　　　）。

A．列表　　　　　　B．向量　　　　　　C．字典　　　　　　D．元组

6. os 模块不能进行的操作是（　　　）。

A．查询工作路径　　　　　　　　　　B．删除空文件夹

C．复制文件　　　　　　　　　　　　D．删除文件

7. shutil 模块不能进行的操作是（　　　）。

A．移动文件夹　　　　　　　　　　　B．创建文件夹

C．压缩文件　　　　　　　　　　　　D．删除非空文件夹

8. 当 try 语句中没有任何错误信息时，一定不会执行（　　　）语句。

A．try　　　　　　　B．catch　　　　　C．except　　　　　D．else

9. 以下关于抛出异常的说法正确的是（　　　）。

A．当 raise 指定异常的类名时，会隐式地创建异常类的实例

B．显式地创建异常类实例，可以使用 raise 直接引发

C．不带参数的 raise 语句，只能引发刚刚发生的异常

D．使用 raise 抛出异常时，无法指定描述信息

10. 以下关于异常处理 try 语句块的说法，不正确的是（　　　）。

A．finally 语句中的代码段始终要保证被执行

B．一个 try 块后接一个或多个 except 块

C．一个 try 块后接一个或多个 finally 块

D．try 块必须与 except 或 finally 块一起使用

二、填空题

1．打开文件对文件进行读写，读写完成后需要调用_____函数关闭文件，释放资源。

2．使用 readlines()函数读取文件时，可以一次性读取整个文件，该方法返回的是一个_____。

3．os 模块中 mkdir()函数的主要作用是创建_____。

4．shutil 模块中复制文件的函数是_____。

5．在读写 CSV 文件时，除了创建读写对象外，还需要调用_____函数逐行写入。

6．在异常中，所有异常类的基类是_____。

7．抛出异常的关键字是_____。

8．断言异常的关键字是_____。

三、简答题

1．简述文件读取几种方式的区别。

2．简述文本文件的读写过程。

3．简述 CSV 文件的读写过程。

4．在异常处理中，有哪几种方式可以处理程序中的异常？

5．简述 os 模块和 shutil 模块的区别与联系。

四、编程题

1．打开一个英文文本文件，将文件中的所有字母加密后写入另外一个文件。加密规则：将 A 变成 B，B 变成 C，…，Z 变成 A，a 变成 b，b 变成 c，…，z 变成 a，其他字符不发生变化。

2．查找出工作目录下的所有源 Python 程序文件（以.py 结尾的文件），然后将所有 Python 程序复制到新建文件夹 new_python 下，最后把 new_python 文件夹进行压缩，将压缩后的文件命名为 all python，并移动到桌面上。

3．已知文本文件中存储若干数字，将所有数字读取出来，按照从小到大的顺序排列，写入一个新的文件中。

4．打开一个英文文本文件，编写程序读取文件内容，将文件中的所有小写字母替换为大小字母，大写字母替换为小写字母。

5．编写程序，从控制台读取学生信息，并写入 CSV 文件。